U0303627

汉译世界学术名著丛书

数理哲学导论

〔英〕罗素 著

晏成书 译

商务印书馆
创于1897 The Commercial Press

Bertrand Russell

INTRODUCTION TO MATHEMATICAL PHILOSOPHY

First published 1919

Ninth impression 1956

Reprinted 1993,1995

By Routledge

11 New Fetter Lane,London EC4P 4EE

29 West 35th Street ,New York,NY 10001

本书中文版经卢德里奇出版公司授权出版

汉译世界学术名著丛书
出 版 说 明

我馆历来重视移译世界各国学术名著。从五十年代起,更致力于翻译出版马克思主义诞生以前的古典学术著作,同时适当介绍当代具有定评的各派代表作品。幸赖著译界鼎力襄助,三十年来印行不下三百余种。我们确信只有用人类创造的全部知识财富来丰富自己的头脑,才能够建成现代化的社会主义社会。这些书籍所蕴藏的思想财富和学术价值,为学人所熟知,毋需赘述。这些译本过去以单行本印行,难见系统,汇编为丛书,才能相得益彰,蔚为大观,既便于研读查考,又利于文化积累。为此,我们从1981年至1997年先后分七辑印行了名著三百种。现继续编印第八辑。到1998年底出版至340种。今后在积累单本著作的基础上仍将陆续以名著版印行。由于采用原纸型,译文未能重新校订,体例也不完全统一,凡是原来译本可用的序跋,都一仍其旧,个别序跋予以订正或删除。读书界完全懂得要用正确的分析态度去研读这些著作,汲取其对我有用的精华,剔除其不合时宜的糟粕,这一点也无需我们多说。希望海内外读书界、著译界给我们批评、建议,帮助我们把这套丛书出好。

商务印书馆编辑部

1998年3月

译 者 序

这本书是罗素的数理哲学的一本通俗著作。它是罗素继1903年问世的《数学原则》和1910—1913年出版的三大卷皇皇巨著《数学原理》之后所写的一本书。由于前两者分量太大,内容艰深,一般人,甚至专门从事数学原理探讨的人,难以通读,于是罗素写了这本书。在这本书中罗素以他的明白晓畅的笔法陈述了数学原理研究中确定的科学结果。所谓的数学原理研究中确定的科学结果特别包括数理逻辑方面的结果。罗素认为,数理逻辑作为一种方法,有助于传统的哲学问题,特别是数理哲学问题的解决,在这本书中他将数理逻辑的主要结果以一种既不需要数学知识,也不需要运用数学符号能力的形式陈述出来。在这本书中罗素还清楚明确地陈述了他的数理哲学观点。这就是人们通常称作的逻辑主义。谈到罗素的数理哲学或者逻辑主义,经常为人们所征引的就是这本书的一些章节。

在本书中罗素以数学的算术化作为起点。所谓的数学的算术化,就是用自然数定义数学中的其他概念,由自然数的性质导出数学中的所有命题。在肯定数学能归约到自然数的理论后,下一步应该是将自然数的理论再行归约,归约到最小一组概念和前提。这个工作由皮亚诺(Peano)所完成。皮亚诺将全部自然数的理论归约到三个概念:0、数与后继——即在自然数次序中一数的次一数,以及五个基本命题或称公理。然而,一方面皮亚诺的公理不能保证确有适合这些公理的数存在,另一方面皮亚诺的三个基本概念又容许无数不同的解释。究竟什么是数,它是否也能定义?弗芮格(Frege)致力于解答这个问题。他成功地用逻辑上更基本、更简单的概念,甚至可以说纯逻辑的概念定义数。所谓数就是某一个类的数(项数或基数),而一个类的数就是所有和这个类有一一对应关系的类的类。然后用一个类的数来定义 0 与后继,进而定义自然数。不仅皮亚诺的三个基本概念都可以定义,皮亚诺的五个基本命题,其中包括数学归纳法,也都可以由以上的定义推导出来。在自然数中,1 是 0 的后继,2 是 1 的后继,如此等等。自然数形成一个有一定次序的序列。在自然数序列的基础上,罗素逐步地引出有理数、实数和复数。在弗芮格之外,康托(Cantor)从不同的出发点独自一人建立了完整的无穷基数与无穷序数的理论。罗素在本书中把弗芮格的数的概念和康托的理论结合起来介绍。他还介绍了康托的一般的序列的极限和序列的连续性的定义。由于高等数学中几乎每一件东西都依赖于极限概念,极限概念可以说是整个高等数学的基础。为了给数学提供足够的基础,我们还需要一些公理,如选择公理,罗素称之为乘法公理。数学家一直使用乘法公理,然而只是崔梅罗(Zermelo)才第一次使公理有一个清晰明白的形式。没有这个公理,数学中的许多命题就不能证明。罗素在本书中讨论了公理的几个等价形式和公理在无穷基数即自反数(和自己的真子类有一一对应关系的数)证明中的作用。近年来关于选择公理的研究有了很大的进展,但是罗素的讨论仍然有效。

为了建立超穷数的理论和实数理论,我们需要整数和分数的无穷类或无穷集合、无穷序列。我们需要假定有无穷多个个体存在的无穷公理。在讨论到个体、个体的类,类的类等等时,我们会很自然地想到把这一切包含在一起的一个最大的类。但是如果假定有一个包含一切的最大类,我们会遇到矛盾,这就是罗素发现的有名的悖论。究竟类是什么,在构造类的过程中应该有些什么限制?这是数理哲学或者说数学基础的根本问题,本书就以此为终结。

以上列举的属于数学原理研究中确定的科学结果。当然,其中有的定义,如有理数、实数的定义,由于受罗素的类型论的影响,显得不必要的复杂,如根据他的定义,分数 $n/1$ 不等于整数 n,今天已不再采用这些定义,另有新的定义。同时也应该指出,我们在上面没有列举的,但是为了得出以上结果所必需的数理逻辑方面的理论,如关系的逻辑理论,其内容也是科学的。书中的演绎理论部分虽然从今天看有不够严格之处,譬如说,未能明确地区分公理、前提与推演规则,但基本上也是正确的。另外,罗素在本书中有许多言论,如最易把握的概念是既不过于复杂也不十分简单的概念,在数学中重要的不是我们所研究的东西的内在性质,而是它们相互之间的关系的逻辑性质等,很富启发性。

所有这些都是我们能从本书获益的。

本书也有错误,其为错误已是公论,这就是罗素的逻辑主义:把数学等同于逻辑,或者说数学是逻辑的延伸。其所以是错误,从乘法公理和无穷公理的性质就可以看出。我们已经指出,许多数学命题的证明和一些数学概念的定义需要这两个公理。尽管这两个公理可以只用逻辑概念来陈述,可是我们绝不能说乘法公理和其他的逻辑命题,如 p 与非 p 不能同真等一样,可以只从逻辑判定其真假。至于断定有无穷多个个体存在的无穷公理,更明显地不具有逻辑的性质,其根据只能是物理学。仅仅从以上所说就知道,数学不是逻辑的延伸,不能归约为逻辑。

除了逻辑主义以外,罗素把类看成是逻辑的虚构,因此数也是逻辑的虚构,这样的观点显然也是错误的。如果说抽象的、一般的东西不同于具体的、个别的东西,是我们的感觉知觉所不能得到的,无疑是对的。但是说,抽象的一般的东西,如类或集合是人们思维的虚构,或者说符号的虚构,应该用奥卡姆(Occam)的剃刀剃掉,这种唯名论的思想是不了解个别和一般的辩证关系,不了解"任何个别(不论怎样)都是一般。任何一般都是个别的(一部分,或一方面,或本质)。"(列宁:《谈谈辩证法问题》)并且,在罗素主张用命题函项来消去类时,他没有想到命题函项所表示的性质、关系和类一样,也是抽象的、一般的。

为了避免悖论,罗素提出了类型论以及还原公理,但是他自己承认,这个理论还不确定,还是混乱的和模糊的。从今天从事数学基础研究的学者来看,也是如此。因之在这里我们也就不必多说。

以上各点这里不及深入分析,略述所见,希望引起读者进一步思考。

引　言

　　罗素是 1918 年夏季在狱中写出《数理哲学导论》的。那年 1 月,他被当局传唤,被指控发表言论,侮辱了英国的一个战时盟国。这个盟国就是美国,罗素发表的言论是,这场战争结束之后,美国很可能被利用来恐吓英国的罢工者,"这是美国军队在国内习惯于干的事情"。尽管他的这种说法依据的是美国参议院的一份报告,他却被审判,被判定有罪,处以 6 个月的徒刑,被当作二级轻罪囚犯关押。(多年来,政府一直在忍受着罗素的刺激;激怒当局并促使当局对他提出起诉的,很可能是紧接着上面引述的那句话之后的两句话:"我的意思并不是说政府官员的头脑中有这些想法。所有的证据都趋于表明,他们的头脑中什么想法也没有,他们做一天和尚,撞一天钟,用愚昧无知和多愁善感的胡言乱语安慰自己。")作为二级轻罪囚犯要监狱中度过 6 个月,这一前景使罗素本人和其朋友们感到很忧虑:他们担心这会无可挽回地损害他的智力,于是他们说服政府将判决改为作为一级轻罪囚犯关押。

　　在那些日子里,甚至连监狱中都渗透着阶级差别。一级轻罪囚犯要为使用牢房付房租,可以使用自己带的家具,可以雇用另一个犯人作为自己的仆人,可以不受食品定量限制,可以看书写字。所有这些特权都是二级轻罪囚犯享受不到的。此外,同二级轻罪囚犯相比,一级轻罪囚犯还被允许接收更多的信件,接待更多的来访者。阿瑟·贝尔福值得永远赞扬,是他从中帮忙,修改了对罗素的判决,尽管罗素瞧不起他,说他在哲学上故弄玄虚,能力低下,而且罗素激烈反对他的公共政策。判决修改后,罗素长舒了一口气,着手筹划如何最有效地利用这段被迫脱离外界的时间。

若干年来,罗素一直想写一本逻辑方面的教科书。他强烈地感到,《数学原理》尽管其重要性得到了公认,读者却寥寥无几;但他深信,假如更多的哲学家理解了此书的内容,他们解决哲学问题的方式就会与过去大不相同,成果也要比过去多得多。这本书中引发这场革命最重要的东西就是其基本概念,罗素深信,不求助于该书中使用的大量符号,人们也可以理解这些概念。随着刑期的临近,他感到实施计划的时候来到了。这项深思熟虑的计划包括两个内容,一是撰写"《数学原理》导论",二是彻底重写"逻辑原子主义哲学"。因为该计划的头半部分只是为《数学原理》写导论,所以无需做进一步的研究工作。需要做的仅仅是组织排列他头脑中的材料,然后下笔写出来。

在被传唤之前的那几个月,罗素曾在伦敦向付费听众做过两次系列讲演。第一次系列讲演的内容与《数理哲学导论》相同;第二次系列讲演便是著名的"逻辑原子主义哲学"。第一次讲演没有留下任何手稿或打字稿;一位速记打字员现场记录下了第二次讲演,包括随后的讨论,该打字稿后来经罗素和其他人编辑整理发表在一个杂志上。第一次系列讲演讨论的是罗素非常熟悉的题目,或许与本书正文没太大不同。罗素一旦打定主意做某件事,就会锲而不舍地做下去。

1918 年 5 月 1 日,他对判决的上诉被驳回,那一天,他进入了布里克斯顿监狱。他感到很失望,当局要他打出租车去监狱;他原本希望当局会用囚车把他送进监狱。罗素在《自传》中回忆了他在监狱大门口受到的接待:

> 我一到,站在门口的监狱长就热情地同我打招呼,我的一切将由他负责安排。他问我信什么教,我回答说,"我是不可知论者"。他要我拼出不可知论者这个词,然后他叹口气说:"哟,有这么多宗教啊,可我想它们都崇拜相同的上帝吧。"这句话叫我高兴了大约一个星期。

被监禁以前,他已制订好了工作计划:每天四个小时的哲学写作,四个小时的哲学阅读,四个小时的普通阅读。但到星期一,5 月 6 日,他仍然没有得到书籍,也没有得到笔和纸。不过,牢房中已摆放了一张床和一些家具,这些东西是他哥哥送来的。他在那天给哥哥写信说:"我希望很快就得到笔和纸,然后我将写一本名叫《现代逻辑导论》的书,写完这本书后,我将着手写雄心勃勃的书,名叫《心的分析》。这里的条件适宜哲学写作。"在这封信的稍后之处,他叫哥哥捎口信给怀特黑德:"告诉怀特黑德,我想写一本关于《数学原理》的教科书,想看他认为与此有关的任何东西。"

5 月 21 日,他给 H. 威尔顿·卡尔发了一封信,此人当时任亚里士多德学会的义务秘书,临时充当罗素的对外事务代理人。罗素在信中说:"我已根据圣诞节前所做讲演的思路,撰写了《数理哲学导论》大约两万字。接下来我将仔细审阅圣诞节后所做讲演的稿子(我已收到了这个稿子,谢谢)。"在这封信的稍后之处,他又提到了此书:"但愿再过一个月左右能写完《导论》。监狱中适于读书和做轻松的工作,但却无法进行真正艰苦的思考。"仅仅六天之后,在写给哥哥的一封信中,罗素又捎口信给卡尔:"我已差不多写完了《数理哲学导论》,总共七万字——可以说是《数学原理》的导论。"接着他提到几个哲学问题,在他能动笔写计划中的第二本书以前,他必须为这些问题找到正当合理的答案。这本书将取名为《逻辑原理》,"将阐明我所谓的'逻辑原子主义'的基础,把逻辑置于与心理学、数学等的关系之中。"他打算在计划中的另一本书《心的分析》中,探讨困扰他的许多哲学问题,这本书的准备工作耗费了他服刑的其余时间。此书于 1921 年出版。

在稍早即 5 月 16 日写给哥哥的一封信中,罗素说,《逻辑原理》对于理解《心的分析》中将要阐述的思想来说是必不可少的:

> 我将着手写《心的分析》,这本书若能成功地写出来,将是我的另一本重要的大部头著作。它需要用一本逻辑著作来补充:不是我目前正在写的准备当作教科书的那本著作,而是根据我在圣诞节之后所做讲演的思路写的著作。没有这样的补充,《心的分析》便几乎无法令人理解。我预计在这个题目上至少要干三年。

令人遗憾的是,他没有把"逻辑原子主义哲学"改写为《逻辑原理》;该讲演稿在两次世界大战之间的那些年月经常被人们引用,尽管只能从杂志上引用;假如该讲演稿经过修改和扩充以书籍的形式出版,那它似乎很可能被人们更广泛地研读,从而产生更大的影响。"逻辑原子主义哲学"已重印在《伯特兰·罗素全集》第 8 卷中。

罗素在谈到《数理哲学导论》时,正如前面指出的,有时把它称为《数学原理》的导论,有时像他在《自传》中所做的那样,把它称为

"《数学原则》的半普及本"。或许后一种叫法纯粹是笔误。回顾一下历史，罗素在《数学原则》中首次提出这样一个论点，即数学的很大一部分是逻辑的一个分支，该论点后来罗素和怀特海在《数学原理》作了详尽阐述。（但《数学原则》远远不是只有这些内容，它还对大多数传统形而上学问题作了广泛而重要的讨论。）因此，这三本书显然是相互关联的。但是《数理哲学导论》从头至尾充满了《数学原理》的中心思想，若说它与《数学原则》有着更紧密的联系，那似乎是有悖事实的。我们只举一个例子：罗素的摹状词理论是在《数学原则》出版两年后才发表的，而《数理哲学导论》用整整一章的篇幅来讨论这个题目。

　　《数理哲学导论》的手稿目前保存在安大略省哈密尔顿市麦克马斯特大学的罗素档案馆中。当时政府要求监狱长读一遍这部手稿，看看其中有没有战时条例所禁止的东西，但他把这项工作转给了卡尔，这使人长长地松了一口气。卡尔向他保证说，该书没有超出其标题的范围，不包含任何颠覆性的内容。手稿一出监狱，便送到了罗素平时的打字员凯尔小姐手里，由她打出一份送交印刷商。在7月29日给他哥哥的一封信中，罗素对凯尔小姐的拖沓有些生气："叫凯尔小姐快点打出《数理哲学导论》——稿子在她手里的时间够长的了。"罗素狱中写的信件没有记录他把手稿交给监狱长审查的日期，但可能是6月初；他之所以抱怨凯尔小姐，是因为这本书总共还不到八万字。手稿最终回到了罗素手里，而他把手稿送给了康斯坦斯·马勒森夫人，罗素当时与她有一段风流韵事。1975年马勒森夫人在逝世之前，将这部手稿连同她拥有的罗素的所有其他资料，卖给了罗素档案馆。仔细查看一下这部手稿，可以看得很清楚,罗素遵循了对自己的忠告:在自己的脑子里进行对正文的所有修改,然后只是把精致完美的散文写下来。这部手稿中修改的地方很少,没有一个段落开错头重写。

罗素在一个地方提及了写作这本书的困难所在。在第十六章的开头,他告诉读者,要用两章讨论"那个"一词,一章阐述它用于单数时的含义,另一章阐述它用于复数时的含义。

用两章的篇幅讨论一个词,也许令人觉得过分,但是对于研究数理哲学的人来说,这是个极其重要的词。像勃朗宁诗中的文法家研究词尾 δε 一样,我即使身陷囹圄,并且下肢瘫痪,也要固守这一点不苟且的精神,对于这个词作一番严格的探讨。卡尔看到这段话时,一定把脸扭了过去。

罗素亲自为本书首版写的简介,最为准确地描述了其内容和难度。这个简介只是出现在首版第一次印刷的护封上;在第二次印刷本上,摘自《雅典娜神殿》杂志上赞扬性书评的一段话,取代了罗素写的简介。

本书是写给这样一些人看的,他们以前不熟悉本书论述的主题,只具有在小学甚或伊顿公学学到的数学知识。本书以简单易懂的方式阐述了数的逻辑定义,分析了序的概念,说明了现代无穷理论,提出了摹状词和类(这些都是符号虚构)理论。在这些方面,省略了争论较多和不那么确定的东西,只介绍了现在能够被认为是科学知识的东西。解释这些知识没有使用符号,而是使用尽量简明的语言,以使读者一般性地了解数理逻辑的方法和用途。但愿数理逻辑不仅会使那些严肃认真的研究者感兴趣,也使那些想了解这门重要现代科学的意义的普通人感兴趣。

　　或许是由于罗素怀有敌意地提到了伊顿公学,斯坦利·昂温感到很不舒服,于是一有机会,便不再使用罗素写的简介。但这个简介太具有罗素的特色了,应该让更多的人看到它。除了对读者需要具备的知识所作的估计肯定有问题外,这个简介的其余部分确实准确地描述了本书的内容。这是一本需要认真研读而不仅仅是看一看的书。凡仔细研读了本书的人,都会很好地理解罗素的数理哲学,都将能够读懂他写的技术性较强的书和文章,他对数理逻辑作出的开创性贡献,最初便发表在这些书和文章中。只有到那时他们才会直接领略罗素从事开创性研究工作(而不是讲解他人的研究成果)的天赋能力。

约翰·G. 斯莱特

多伦多大学

目　　录

序　言

　　这本书原本是想作为一个"导论"，而不是想对它所处理的问 v 题作一个详尽的讨论。有些结果直到现在为止只是对于精通逻辑符号的人才可以应用，但是将它们用一种给初学者最少困难的方式陈述出来，这一点似乎还是可望做到的。关于那些仍然受到严重怀疑的问题，我们已经作了最大的努力以避免武断，在某种程度上这种努力支配了我们所要讨论的题目的选择。数理逻辑的初始部分比起它稍后的部分来没有那样明确地为人知道，但是这些部分至少和后面的部分具有同样的哲学兴趣。在以下诸章中所陈述的许多东西称之为"哲学"是不适当的，尽管它们所涉及的问题包含在哲学中如此之久，以致关于它们还不曾有令人满意的科学存在。例如，无穷与连续的性质就是这样，在早日它们属于哲学，现在却归在数学中。在这个领域中所获得的许多确定的科学结果在严格的意义上或许不能认为是包含在数理哲学中。在知识的边境上有一些问题，关于这些问题至今还不曾得到比较确定的结论，人们很自然地期望数理哲学来处理这些问题。可是，除非我们认识了数学原理中比较科学的部分，对于这些问题的探讨很可能难获结果。所以一本讨论这些部分的书可以自称是一本数理哲学**导论**，虽则，除非它越出了它的范围，它很难声称它所处理的是哲学

vi 的一部分。就某些接触到本书的人看来,它所处理的一部分知识似乎取消了许多传统哲学,甚至于很大一部分流行于今日的哲学。然而也就是这种情形以及它与尚未解决的问题的关联,数理逻辑与哲学有关。因为这个原因和题目固有的重要性,将数理逻辑的主要结果在一种既不需要数学知识,也不需要运用数学符号的能力的形式中简单地叙述出来,或许有用。虽然在这里和别处一样,从进一步研究的观点看,方法比结果更重要,但是这种方法在下面这么一本书的框架中不能很好地加以说明。希望一些读者能感到足够的兴趣,继续方法的研究,正是由于方法,数理逻辑可以有助于传统哲学问题的探讨,但是这个题目我们在下面不打算讨论。

B. 罗素

编　者　注

　　着重分别数理哲学与数学之哲学、认为这本书在现在的丛
书*中没有地位的人们可以参看作者自己在序言中关于这一点的
声明。作者在那里提议:对哲学的领域作一番调整,将类、连续、无
穷这样一些问题从哲学中转移到数学中,以便看出下面的定义和
讨论对于"传统哲学"的关系,这个提议不必大家都赞同。但是即
便哲学家们不能同意将这些范畴的评论贬低到任何特殊的科学
中,无论如何,有一点很重要,就是,这些概念在数学中占据了极其
重要的地位,哲学家们应该知道数学科学所赋予它们的精确意义。
在另一方面,如果有些数学家觉得这些定义和讨论似乎是一种简
单事物的雕琢和小题大做,我们最好从哲学那面提醒他们,这里和
别处没有两样,表面的单纯可以隐藏复杂。不论对于哲学家还是
数学家,或者如本书的作者那样一身二任的人,这种复杂问题的解
决是他们的任务。

---

　　* 本书原来收在 J. H. Muirhead 所编的哲学丛书中。——译者

第一章　自然数串

数学这门学问当我们从它的最熟悉的部分开始时,可以沿着两个相反的方向进行。比较熟悉的方向是构造的,趋向于渐增的复杂,如:从整数到分数,实数,复数;从加法和乘法到微分与积分,以至更高等的数学。至于另一方向对于我们比较生疏,它是由分析我们所肯定的基本概念和命题,而进入愈来愈高的抽象和逻辑的单纯;取这种方向,我们不问从我们开始所肯定的东西能定义或推演出什么,却追问我们的出发点能从什么更普遍的概念与原理定义或推演出来。研究进行的方向不同是数理哲学的特点,就是这个特点使数理哲学与普通数学大异其趣。但是我们必须了解这区别不在主题内容,而在研究者的思想状况。早期希腊几何学家从埃及人陆地测量的经验规则,得到了能证明这些规则的普遍命题,并且由这些普遍命题达到欧几里得的公理与公设,按照上面的解释,他们确是从事于数理哲学;但如我们在欧几里得几何中所见,一旦达到公理与公设,它们的演绎的运用却属于普通意义的数学。总之,数学与数理哲学之间的区分取决于激发研究的兴趣上,和研究所达到的阶段上;而不在研究所涉及的命题。

这个区别我们还可以另一种方式叙述。在数学中最明显易知的概念,从逻辑上来说,并不是初始的概念;从逻辑演绎的观点看,它们是出现在中途某处的概念。就如最易见的物体是那些既不甚远，也不很近，既不过大，也不太小的物体；同样，最易把握领会的概念是那些既不过于复杂，也不十分简单（我们用逻辑意义上所谓的"简单"）的概念。并且正如我们需要两种工具，望远镜和显微镜，以扩大我们的视力一样；我们需要两种工具以扩张我们的逻辑能力：一个能引导我们进到高等数学；一个能带领我们追溯我们在数学中所习用、假定的概念和命题的逻辑基础。由于分析我们的普通的数学概念，追究它们的逻辑基础，我们将发现我们获得了新的见识，新的能力，并且由于在这番探讨后，采取新的前进路线，我们可以获得一种方法以达到完全崭新的数学题材。

本书的目的是简单地、不用专门技巧地解释数理哲学，凡初步讨论所难解说的、不确定的或困难的部分，不予涉及。欲求详尽的研讨，可见《数学原理》（*Principia Mathematica*）一书①。本书的讨论只想作为一个引论。

对于今日受过初等教育的人，数学最明显的出发点就是整数串，

$$1,2,3,4,\cdots$$

3 或许只有稍具数学知识的人才会想到：整数是从 0 而不是从 1 开始的，但是这一点知识程度我们是要假定的，我们要以如下的数串：

$$0,1,2,3,\cdots,n,n+1,\cdots$$

作为我们的出发点。此后当我们谈到"自然数串"时，我们所指的

---

① Cambridge University Press, vol. i., 1910; vol. ii., 1911; vol. iii., 1913. Whitehead and Russell 著。

就是这一串数。

仅仅在文明的高级阶段上，我们方能以这一串数作为我们的起点。发现一对鸡、两昼夜都是数 2 的实例，一定需要很多年代，其中所包含的抽象程度确实不易达到。至于 1 是一个数的发现，也必定很困难。说到 0，这更是晚近加入的，希腊人和罗马人没有这个数字。假使我们曾经从事于早期的数理哲学的研究，我们必得从比自然数串不那么抽象的东西入手，而以自然数串作为在我们追溯的探讨中所达到的一个阶段。反之，当我们对数学的逻辑基础逐渐熟悉时，我们可以追溯到比现在所达到的更远的地方，那时我们的出发点将是在分析中比自然数还较后的一个阶段。但是在目前，自然数似乎代表数学中最易知、最熟悉的东西。

我们对于自然数虽是熟悉，却并没有了解。什么是"数"，什么是"0"，什么是"1"，很少人严格解释过，更不用说下定义。不难看出，任何 0 以外的自然数能够从 0 开始，由重复地加 1 得到，但是何谓"加 1"，何谓"重复地"，它们的意义是什么，我们必须加以定义。这些问题可并不容易解决。直到最近，人们都相信算术的基本概念中至少有一些由于过于简单和基本而不能定义。因为所有被定义的概念是借助于其他概念来定义的，显然，为了有一个作定义的起点，人类知识必须接受一些易明的，没有定义的概念，以此为满足。至于是否必须有**不能定义**的概念，这一点还不清楚；可能 4 在作定义时，我们由一个定义追溯到在前的一个定义，一直下去，无论我们后退多远，我们总还可以走得更远。另一方面也可能当分析进行得够远时，我们能够达到一些概念，它们实在是简单，因此在逻辑上不容下一种分析的定义。这个问题我们不必解决；为了我们的目的,只需注意,由于人类能力有限,我们所知道的定义必须从某些概念开始,这些概念虽则或许不是永远不能定义,但在当前还不曾定义。

所有传统的纯粹数学,包括解析几何在内,全可以看作是有关自然数的命题所组成。这也就是说,其中的概念可以用自然数来定义,其中的命题可以从自然数的性质推演得出。——当然,在每种情形下,还得加上一些纯逻辑的概念和命题。

很早以前就有人猜测,所有传统的纯粹数学或许都能从自然数推导出来,但是这一点的真正发现,却是非常近的事。从前,毕达哥拉斯相信,不仅数学,就是其他各种事理都能从数演绎出来,在把数学"算术化"时,他发现一个极严重的困难,那就是不可通约量,特别是正方形的边与对角线不可通约性的存在。如果正方形边长一寸,那么对角线的寸数是 2 的平方根,可是这似乎根本不是一个数。这样引起来的问题只是在我们的时代才被解决,并且只是借助于把算术归约到逻辑才得以**完全**解决,这一点我们将在以下诸章中阐明。至于现在,我们姑且承认数学的算术化。虽然这是一个非常重要的功绩,但是我们不拟详论。

5   在把所有传统的纯粹数学归约到自然数的理论后,逻辑分析中的下一步骤是将这理论本身归约到最小一组前提和未定义的概念,而这理论即从它们演绎出来。这件工作为皮亚诺(Peano)所完成。他证明:除加上一些纯逻辑的概念和命题外,整个自然数的理论能够从三个基本概念和五个基本命题演绎得出。这三个概念和五个命题因而似乎可以代替全部传统的纯粹数学,假使它们能由其他的概念和命题来定义或证明,全部纯粹数学也能。如果我们可以用重量这个词,那么它们的逻辑"重量"等于从自然数的理论演绎出来的整个科学系列;所以假若引用的纯粹逻辑工具没有谬误,那么如果五个基本命题的真实性得到保证,整个系列的真实性也得以肯定。对数学进行分析的工作由于皮亚诺的研究而大获便利。

皮亚诺算术中的三个基本概念是:

0,数,后继。

他以"后继"(successor)指在自然次序中一数的次一数。也就是说,0 的后继是 1,1 的后继是 2,如此类推。至于他所谓"数"乃是指所有自然数所构成的类(class)①。他没有假定我们知道这类中所有的分子,仅假定当我们说这个或那个是一个数时,我们知道我们何所指,正如我们不知道所有的个别的人,而当我们说"琼斯是一个人"时,我们知道我们何所指一样。

皮亚诺所肯定的五个基本命题是:

(1) 0 是一个数。

(2) 任何数的后继是一个数。

(3) 没有两个数有相同的后继。

(4) 0 不是任何数的后继。

(5) 任何性质,如果 0 有此性质;又如果任一数有此性质,它的后继必定也有此性质;那么所有的数都有此性质。

五个基本命题中的最后一个是数学归纳法原则。关于数学归纳

---

① 在本章中我们用"数"这个字限于这种意义(按,即指包括 0 在内的自然数全体。——译者),以后我们将在更一般的意义上使用这个字。

法,以下将详细论述;现在我们提到它,只是因为它出现在皮亚诺的算术分析中。

我们且略加考虑从这三个概念和五个命题如何得出关于自然数的理论。首先,我们定义 1 为"0 的后继",2 为"1 的后继",如是继续下去。显然,我们可以用这些定义达到我们想要得到的任何的数,因为,由于(2),我们所达到的每一个数有一个后继,并且,由于(3),这个数不可能是任何已经定义的数,因如不然,两个不同的数会有相同的后继;又因为(4),在这一串后继中,没有一个我们所得到的数会是 0。从而一串后继给予我们一串连续无尽的新数。由于(5),所有的数都属于这一串数中,这一串数就是从 0 开始,由一个继续一个的后继所构成;这点其实应该分为两点来说明:因为我们知道,(a)0 属于这一串数,又(b)假如一数 *n* 属于这一串数,它的后继也是如此,依据数学归纳法,每个数都属于这一串数。

如果我们希望定义两数之和,那么取任一数 *m*,我们定义 *m* + 0 为 *m*,*m* + (*n* + 1)为 *m* + *n* 的后继。由于(5),不论 *n* 为何数,这就是 *m* 与 *n* 之和的定义。同样,我们能够定义任何两数之积。读者可以很容易地使自己确信,任何普通的初等算术命题都能为这五个前提所证明,如有任何困难,可参看皮亚诺书中的证明。

现在我们要越过皮亚诺的研究而进入弗芮格(Frege)的探讨,这是件必然的事,我们且思考其所以为必然的理由。我们已知皮亚诺将数学"算术化"做到最后完善的地步,弗芮格则第一个成功地将数学"逻辑化"。他的前辈们证明了一些算术概念对于数学是充分的,他再将这些算术概念归约到逻辑。本章中我们不预备实际陈述弗芮格的数和个别的数的定义,但是我们将说出一些理由,为什么皮亚诺的研究不如它看起来那样的根本,或者简单地说,不够彻底,以致还要有人作进一步的研究。

第一,皮亚诺的三个基本概念——就是"0","数"和"后继"——能容许无数不同的解释,所有这些解释都能满足那五个基本命题。下面我们列举几个例子。

(1)令"0"指100,而"数"指自然数串中100以上的数。依这种解释,所有我们的基本命题,即使是第四个,都可满足。因为:虽则100是99的后继,然而99却不是一个我们当前所谓的"数"。显然,任何其他的数都可以代替这个例子中的100。

(2)使"0"具通常的意义,而令"数"指我们通常所谓的"偶数"并且令一数的"后继"指由这数加2所得的数。于是"1"将为数二所代替,"2"将为数四所代替,如此等等。"数"串现在成为

$$0,2,4,6,8,\cdots$$

所有皮亚诺的五个前提仍可满足。

(3)令"0"指数一,"数"指如下的集合

$$1,\frac{1}{2},\frac{1}{4},\frac{1}{8},\frac{1}{16},\cdots$$

而所谓一个数的"后继"所指的就是一个数的"一半"。对于这样的一串数,所有皮亚诺的五个公理仍真。

很明显,这样的例子可能有无穷多。事实上,给定任一串

$$x_0,\quad x_1,\quad x_2,\quad x_3,\quad \cdots,\quad x_n,\quad \cdots$$

只要它是无尽的,不包含重复,有一个首项,并且没有一项不能从首项通过有穷的步骤达到,那么我们就有一个项的集合适合皮亚

诺的公理。这一点的形式证明虽然稍长，却很容易了解。我们可令"0"指 x_0，"数"指项的整个集合，并且使 x_n 的"后继"指 x_{n+1}。那么

(1) "0 是一个数"，就是说，x_0 是这个集合的分子。

(2) "任何数的后继是一个数"，即：在这个集合中任取一项 x_n，x_{n+1} 也属于这个集合，也是这个集合的一分子。

(3) "没有两个数有相同的后继"，即，如果 x_m 与 x_n 是这个集合中两个不同的分子，则 x_{m+1} 与 x_{n+1} 不同；这个结果是从在这个集合中没有重复这个假设得出的。

(4) "0 不是任何数的后继"，即：在这个集合中没有一项在 x_0 的前面。

(5) 至于皮亚诺的第五公理现在成为：任何性质，如果 x_0 有此性质，又如果 x_n 有此性质，x_{n+1} 必定也有，那么所有的 x 都有这性质。

这些性质一个一个与数的性质相对应。

如像以下形式的一串

$$x_0, x_1, x_2, x_3, \cdots, x_n, \cdots$$

在其中有一个首项，每一项有一个后继（因此没有末项），没有重复，而且每一项可以由出发点在一有穷的步骤内达到，这样的一串叫做一个序级（progression）。序级在数学原理中具有非常的重要性。如我们适才所见，每一个序级都适合皮亚诺的五个公理。相反，也可证明：凡适合皮亚诺公理的每一个串都是一个序级。因此这五个公理可用来定义序级的类：所谓"序级"就是"那些适合这五个公理的串"。任何序级都可以作为纯粹数学的基础：我们可以称

呼它的首项为"0"，项的整个集合为"数"，序级中一项的次一项为此项的"后继"，这样的序级不必是数组成的，它可由空间的点，时间的瞬间或者任何取之不尽的项所组成。每个不同的序级导致传统的纯粹数学所有命题的不同解释；所有这些可能的解释同样真。

在皮亚诺的系统中，关于他的基本概念的这些不同解释，我们无以区别。它假定了我们已经知道"0"的意义，而不会假定这个符号指100，或者克利奥佩特拉的方尖碑（埃及古代两个方尖碑之一，今在伦敦。——译者），或者任何它可能指称的东西。

"0"、"数"与"后继"不能用皮亚诺的五个公理去定义，而必须单独地了解，这一点非常重要。我们需要的是，我们的数不仅适合数学公式，并且能在恰当的方式中应用于普通的事物。若在一个系统中，"1"指100，"2"指101，如此类推，这样的系统对于纯粹数学可能完全合适，但是不能适合日常生活。我们有十个手指，两个眼睛和一个鼻子，我们需要"0""数"与"后继"所具有的意义，能给我们的手指，眼睛，鼻子适当的定量，适当的数目。关于我们用"1"与"2"等所指的东西的知识，虽说不够明白或清晰，可是我们已经具有，我们在算术中数的用法必须符合这种知识。由皮亚诺的方法，我们不能保证这种相符的情形，如果我们采取他的方法，我们只能说："我们知道'0'、'数'与'后继'的意义是什么，然而我们不能用别的更简单的概念解释它们。"在必需时这么说是十分合法的，并且在**某些**地方我们都必须这么说，就是："我们知道我们已有的概念的意义是什么，然而我们不能用其他更简单的概念来解释这种意义。"但是，数理哲学的目的是尽可能将这种说法推后，尽可能寻求更简单的概念以解释我们已有的概念。由于算术的逻辑理论,我们确实能将这种说法延搁一段很长的时间,确实能追溯到一些更简单的概念。

或许有人提出,我们不能定义"0"、"数"与"后继",也不必假定我们知道这些概念的意义,不必令它们与通常的意义相符;反之,10 我们可以让它们代表任何能适合皮亚诺公理的三个概念。如此,它们将是既未定义,也没有一个确定意义的概念:它们将是"变项",是我们对之作某种假设——就是在五个公理中陈述的种种——但此外别无规定的概念。如果我们采取这个计划,我们的定理将不再是关于确定的项的集合,所谓"自然数"的定理,而是关于一切项的集合的定理,只要这些项的集合具有某种性质。这种方法并不荒谬,它提供一种推广,对于某种目的,确有价值。但从两个观点看来,这种方法未能为算术奠定一个适当的基础。第一,它不能使我们知道是否确有适合皮亚诺公理的项的集合;它甚至没有略略提示任何方法,以发现是否有这样的项的集合。第二,如我们已经说过的,我们需要我们的数能计数通常的事物,也就是要求我们的数不仅具有某种形式的性质,还应该具有一种**确定**的意义。这种确定的意义须以算术的逻辑理论来定义。

第二章　数的定义

"什么是一个数?"这个问题人们常常想到,但只是在我们这个时代才得到正确的解答。这个解答为弗芮格于 1884 年在他的《算术基础》(*Grundlagen der Arithmetik*)①一书中所给出。虽然这本书十分简短,并不难,并且非常重要,可是它几乎不曾引起注意,其中所包含的数的定义事实上也是一向不为人所知,直到 1901 年才为本书作者所发现。

在试作数的定义时,首先须将我们研究的第一步辨析明白。许多哲学家尝试作出数的定义,实际上却去定义为许多事物所形成的复合(plurality),这是件完全不相干的事。"数"是一切数的特性,正如"人"是所有人的特性一样。许多事物所形成的复合并非是数的一例,而是某个特殊的数的实例。譬如三个人的一组是数 3 的实例,而数 3 又是数的一例;但是三人组并不是数的一例。这点似乎很浅近,不值一提;然而已经显示出,哲学家中,除了极少数的例外,这点对于他们确实是很微妙,不易想到的。

一个特殊的数和一个含有这个数目的聚合(collection)绝不

---

① 相同的然而是更充分的解答,更详细的发展,见他的《算术的基本定律》(Grundgesetze der Arithmetik)一书第一卷,该书 1893 年出版。

12 相同：数 3 决不同于布朗、琼斯、鲁滨逊组成的三人组。数 3 是一切三个一组所共有的东西，它使它们与别的聚合不同。一个数表示出某些聚合，或者明确一点说，含有那个数目的聚合的特性。

在这里我们要作一个规定，此后我们将不再说一个"聚合"，而以一个"类"(class)或者有时以一个"集合"(set)来代替。和这些词同义的在数学中还有集(aggregate)和簇(manifold)等。关于"类"，以后我们将详细讨论，目前我们尽可能地少涉及。但是有几点说明必须立即提出。

一个类或者一个集合可以乍看似乎完全不同的两种方法来定义：或者我们可以列举它的分子，如同我们说"这个集合我指的是布朗、琼斯、鲁滨逊"时一样；或者我们可以提出一个特性，如同我们说到"人类"或者"伦敦的居民"时的情形一样。列举的定义称为"外延"定义，提出一个特性的定义称为"内涵"定义。这两种定义中，在逻辑上是内涵定义比较基本。这点可由两点理由来说明：(1)外延定义常可归约到一个内涵定义；(2)内涵定义常不能归约到外延定义，即使在理论上，也是不可能的。这两点都需要几句解释。

(1)布朗、琼斯和鲁滨逊，他们每个人都具有某种性质，这种性质是整个宇宙中任何其他东西所没有的，这就是所以为布朗，或者琼斯或者鲁滨逊的性质。这个性质可以作为由布朗、琼斯和鲁滨逊所组成的类的一个内涵定义。考虑"x 是布朗，或者 x 是琼斯，或者 x 是鲁滨逊"这样一个式子，它只对于三个 x 是真的，即只对于布朗、琼斯和鲁滨逊三个人是真的。在这一方面它像一个有三个根的一个三次方程式。它指出一种性质，这种性质为这三个人

13 所组成的类的分子所共有，并且只属于这些分子，而不属于其他。

任何外延确定的类显然可以同样处理。

(2)显而易见,事实上关于一个类我们常常能够知道得很多,却不能列举它的分子。没有一个人能够实际地列举尽所有的人,甚或只是所有的伦敦居民,然而关于这两类我们仍然知道得很多。这足以表明:外延定义对于我们关于一个类的知识不是**必要**的。并且就无穷类而论,我们发现,对于仅仅生活在一个有穷时间内的生命,就是在理论上,列举也是不可能的。我们不能列举所有的自然数,我们说自然数是 0,1,2,3,等等,到了某个时候我们必须满足于"等等"。我们不能列举一切分数,一切无理数,或者任何其他的无穷集合。因此我们关于所有这些集合的知识,只能从一个内涵定义得到。

当我们试作数的定义时,以上两点说明对于三方面都有关系。第一,数本身形成一个无穷集合,所以不能由列举来定义。第二,有给定的项数的集合本身可能也形成一个无穷的集合。例如我们推测在这个世界上有无穷多的三个一组,也就是说,所有的三个一组又形成一个无穷的集合,如若不然,世界上事物的总数将是有穷的,这虽可能,事实上似乎未必如此。第三,我们希望有一种定义数的方法,使无穷数也成为可能,要这样,我们就必须能够说出一个无穷集合的项数,而这样一个集合必须由内涵来定义,或者说,由一个性质来定义,这性质是它的所有分子所共有的,并且只为这些分子所共有。

有些时候,为了某些目的,一个类和一个定义它的特性事实上可以互相替换。可是二者之间仍然有很大的区别:只有一个类有给定的一组分子,或者说,给定的一组分子只能组成一个类;但是

14 相反地,一给定的类常可由许多不同的特性来定义。如人可以定义为无毛的两足动物,或者,有理性的动物,或者定义为具有斯威夫特所描写的亚胡的那些特性者。〔按:亚胡(Yahoo)为英国小说家斯威夫特(Swift)所著《格列佛游记》中具有人的形状与恶习的兽——译者〕。唯其因为作定义的特性绝不是唯一的,才使类成为有用;否则我们会满足于只为它们的分子所共有的那些性质[①]。但是只要当唯一性无甚关系或不太重要的时候,这些性质中的任何一个都可以用来代替类。

现在回到数的定义,很明显,数就是将某些集合,即那些有给定项数的集合,归在一起的一种方法。我们可以假定所有的对子为一起,所有的三个一组为另一起,如此下去。这样我们得到各种不同的一起一起集合,每一起由有给定项数的集合所组成。每一起是一类,它的分子是集合,也就是类;因此每一起是一个类的类。例如,由所有的对子所组成的一起是一个类的类:因为每一个对子是一个有两个分子的类,所以所有的对子归在一起是一个拥有无穷多个分子的类,其中的每一个分子又是有两个分子的类。

但是我们如何决定两个集合属于同一起? 对于这个问题我们会很自然地回答道:"找出每一个集合有多少分子,假如它们有同样数目的分子,那么就归入同一起。"可是这个答案假定我们已经定义了数,并且假定我们知道如何找出一个集合有多少项。对于计数的运算我们是太习以为常了,以致这样一个假定很容易地忽

---

① 像后面将要解释的,类可以看成为逻辑的虚构,从定义的特性中构造出来的。但是现在姑且承认类是真实的,可以使我们的解释变得简单容易。

略过去。事实上，计数虽然熟悉，在逻辑上它却是一个非常复杂的运算；并且如把它作为发现一个集合有多少项的方法，只有在这个集合是有穷时，才可以使用。然而我们定义数时却不可预先假定所有的数都是有穷的；并且因为数是被用于计数中的，在任何情形下，我们如利用计数来定义数，就会陷入一个恶性循环。所以，我们需要其他的方法，以决定什么时候两个集合有同样的项数。　15

就事实论，发现两个集合是否有相同的项数比定义它们的项数是什么在逻辑上简单得多。下面的实例可以表明这一点。如果在世界上没有一个地方实行多夫制或多妻制，那么显然在任何时刻丈夫的数目刚好等于妻子的数目。我们不需要户口调查来证实这一点，也不需要知道丈夫和妻子的准确数目是多少，可是仍可知道这两个集合的数目必定相同，因为每一个丈夫有一个妻子，并且每一个妻子有一个丈夫。丈夫与妻子的关系是所谓的"一对一"的关系。

所谓"一对一"的关系，就是：如果 x 对 y 有所说的关系，则没有其他的项 x' 对 y 有这种关系；并且 x 对于 y 以外的任何项 y' 也没有同样的关系。只满足两个条件中的第一个的关系称为"一对多"关系，只满足第二个的关系称为"多对一"关系。在这些定义中并未使用数 1，这是必须注意的。

在基督教的国家里，丈夫对妻子的关系是"一对一"；在回教国家里这种关系是"一对多"；在西藏是"多对一"。又父亲对儿子的关系是"一对多"；儿子对父亲是"多对一"，至于长子和父亲的关系则是"一对一"。如 n 是任一数，n 对 $n+1$ 的关系是一对一；n 对 $2n$ 或 $3n$ 的关系也是。当我们仅考虑正数时，n 对 n^2 的关系也是一对一;但如承认负数,这种关系就变为二对一,因为 n 与 $-n$ 有相同的平方数。这些例子应该足够说明一对一,一对多,多对一这三种关系的概念。这些关系在数学原理中占据一个重要的位置,不仅对于数的定义是如此,在许多别的方面也如此。

16　如果有一个一对一的关系,使一类中的每一项与另一类中的一项对应,如像婚姻关系使丈夫与妻子对应一样,则称这两类"相似"(similar)。下面几个辅助定义将帮助我们更准确地把这个定义陈述出来:我们说,所有与别的东西有某给定关系的各项所形成的类叫做这关系的**前域**(domain):因此父亲是父子关系的前域,丈夫是夫妻关系的前域,妻子是妻子对丈夫的关系的前域,而丈夫与妻子一起是婚姻关系的前域。妻子对丈夫的关系是丈夫对妻子的关系的**逆关系**(converse)。同样,**小于**是**大于**关系的逆关系,**后于**是**先于**关系的逆关系,等等。一般地,无论何时 x 与 y 之间有某种给定的关系,这种关系的逆关系就是 y 与 x 之间的那种关系。又一个关系的**后域**(converse domain)就是它的逆关系的前域:所以妻子这一类是丈夫对妻子的关系的后域。现在我们陈述相似的定义如下:

所谓一类"相似"于另一类,就是在它们之间有一个一对一的关系,一类是这关系的前域,另一类是它的后域。

以下几点是很容易证明的:(1)每一类都相似于它自己,(2)如果一类 α 相似于一类 β,那么 β 相似于 α,(3)假使 α 相似于 β,而且 β 相似于 γ,那么 α 相似于 γ。一个关系当它具有这些性质中的第一种时,称为是**自反的**(reflexive),具有第二种性质时称为**对称的**(symmetrical),具有第三种时称为**传递的**(transitive)。显而易见，一个既是对称的又是传递的关系在它的整个域中必也是自反的。具备这些性质的关系是很重要的一种关系，值得注意的是：相似就是这种关系中之一。

如果两个有穷类相似，它们必有相同的项数，否则，就没有相同的项数，这一点对于普通常识是很显然的。计数的动作就是在被数的一类事物与用以数物的自然数（除去 0）之间建立一一对应的关系。于是普通常识得出结论，在被数的一类事物中所有事物的数目与用于计数中直到最后一数所有的那么多的数相等。我们又知道，只要我们限制于有穷数，从 1 到 n 刚好有 n 个数。所以假定集合是有穷的，则用于数这集合的最后一数就是这集合所有的项数。但是这个结果，除去仅适用于有穷集以外，还依赖和假定这一事实，就是：相似的二类有相同的项数；因为当我们计数时，譬如说有 10 个事物，我们所做的就是表示这类事物和从 1 到 10 的数的集合相似。所以在逻辑上相似概念已经被假定在计数的运算中，这个概念对于我们虽然没有计数熟悉，从逻辑上来说却是更简单。又通常在计数中，必须将被数的事物排成一定的次序，如第一、第二、第三等等，但是次序并非数的本质，从逻辑的观点看来，这是不相干的附加，不必要的复杂化。相似概念不要求一个次序：例如，我们已经见到丈夫的数目与妻子的数目相等，然而并不曾在他们中间建立一个先后次序。相似概念也不需要限制于一切有穷类。例如，一面取自然数（除去 0），一面取以 1 为分子的分数，很明显，我们能够使 2 与 $\frac{1}{2}$，3 与 $\frac{1}{3}$ 相对应，如此类推，因而证明这两个无穷类相似。

我们可以依以上的方法利用相似概念来决定什么时候两个集合属于同一起，这就是我们在本章前面所提出的问题。我们要有一起包含那些没有分子的类，这就是数 0。然后一起包含一切只有一个分子的类，是为数 1。然后一起为所有对子所组成的类，是为数 2，如此继续下去。给定任何集合，我们可以定义它所属的那一起为与之"相似"的一切集合所组成的类。显而易见，譬如说，假使一个集合有三个分子，一切与之相似的集合所组成的类就是所有的三个一组所组成的类。无论一个集合有多少项数，与之"相似"的集合必有相同的项数。我们可以用相似作为"有相同项数"的**定义**。显然，只要我们限制于有穷集，由这个定义所得的结果与惯用的方法一致。

直到现在我们不曾涉及一丝一毫矛盾。但当我们临到真正地定义数时，我们不能避免一种乍见似觉矛盾的印象，可是这种印象不久就会消失。我们会很自然地想到，譬如说，对子的类和数 2 不同。关于对子的类我们没有疑问，它是不容置疑的，也不难定义，至于数 2，却无论如何是个形而上学的东西，关于这样的东西，我们绝不能感知它的存在，或者说，我们绝不能捉摸到它。所以不去追求一个成为问题的，总是不可捉摸的数 2，而使自己满足于为我们所确知的一切对子的类，这种态度是比较审慎的。于是我们确立如下的定义：

一个类的数是所有与之相似的类的类。

如此，对子的数即是所有对子的类。事实上，按照我们的定义，所有对子的类乃是数 2。这个定义不免有点奇怪，但是意义确定，无可怀疑，并且凡我们期望于数的一切性质，这样定义的数完全具备，这点也不难证明。

现在我们可以继续定义一般的数为：由于相似关系而集合在一起的任一类。更仔细说，一个数是一个类的集合，其中任何二分子，即二个类，彼此相似，并且在这集合以外，没有一个类相似于这个集合以内的任一类。换言之，一个数（一般的）是一个集合，在此集合中任一分子所有的项数即是这个数；或者更简单的：

所谓数就是某一个类的数。

这个定义字面上似乎循环，但其实不然。我们定义"一个给定的类的数"没有用一般的数的概念；所以我们可以用"一给定的类的数"来定义一般的数而不犯任何逻辑错误。

这种定义事实上是非常普通的。例如父亲类可以从定义什么是一个人的父亲入手，然后父亲类就是所有为人父者。同样，假如我们要定义平方数，我们必须首先定义何谓一数是另一数的平方，然后定义平方数的类就是所有为另一数的平方者。这种方法非常普通，认清它是合法的，甚至常常是必要的，这点很重要。

如今我们已经给出适合于有穷集的数的定义，剩下的是了解它将如何适用于无穷集。但是首先我们必须判定何谓"有穷"与"无穷"，这是本章范围内所不能做到的。

第三章　有穷与数学归纳法

　　我们在第一章中已经知道,假使我们知道"0"、"数"与"后继"这三个概念的意义,自然数全都可以定义出来。但是我们可以更进一步:如果我们知道"0"与"后继"的意义是什么,我们也能够定义出所有的自然数。注意到这件工作如何完成将有助于我们了解有穷与无穷之间的区别,以及用以完成这定义的方法为何不能推广到有穷类以外。我们且不考虑如何定义"0"与"后继",此刻先假定我们已经知道这两概念的意义,而来说明如何从这两概念得到所有其他的自然数。

　　显而易见,我们能够达到任何指定的数,譬如说 30,000。我们先定义"1"为"0 的后继",然后定义"2"为"1 的后继",照样继续下去。在一个指定的数,例如 30,000 的情形下,假使我们有耐心,我们能够一步一步照这样前进达到这数,这个证明可由实际的实验完成,我们可以一直继续,直到我们真正达到 30,000。但是实验的方法虽可以适用于每一个特殊的自然数,却不能用于证明一个普遍的命题,就是:一切数都能以这种方法得到,亦即,从 0 起一步一步由一数到它的后继的方法得到。然则是否有其他的方法证明这个命题?

　　让我们由另一个途径来考虑这个问题:有了概念"0"与"后继" 我们能够得到些什么数? 是否有别的方法,我们能用来定义这些数的整个的类？作为 0 的后继，我们得到 1；作为 1 的后继，又有了 2；作为 2 的后继，更得到 3；如此类推。然而我们所希望代替的正是这"如此类推"，我们要以其他较不含糊的，较确定的东西来代替它。我们或者要说，"如此类推"的意义就是前进到后继的步骤可以重复**有穷**次；但是我们所讨论的问题正是如何定义"有穷数"，所以在我们的定义中，切不可使用这个概念，我们的定义必须不假定已经知道什么是有穷数。

这个问题的关键在于**数学归纳法**。记住在第一章中，这就是我们为自然数所建立的五个基本命题中的第五个。它述说：如果 0 有一性质；又如任一数有此性质，它的后继必定也有此性质，那么所有的自然数都有此性质。这一条在以前是当作一个原则，但是现在我们要取作定义。凡遵从数学归纳法的一串项，它们的数目和从 0 起通过接连的步骤由一个到次一个可以得到的数一样多，这一点是不难了解的，可是它很重要，我们要比较详细地讨论。

我们最好从一些定义开始，这些定义在别的方面也是有用的。

假使无论何时一数 n 有一性质，它的后继 $n+1$ 也有，则称这性质在自然数串中是"遗传的"（hereditary）。同样，如 n 是一类中的一分子，$n+1$ 也是，则称这类是"遗传的"。虽则我们并没有假定知道以下这一点，可是这是容易了解的，说一个性质是遗传的，等于说，从某数起一切自然数，或者说，不比某数小的一切自然数，都有这性质，譬如说，可能所有不比 100 小的自然数，或者所有不比 1000 小的自然数都有这性质，或者也可能所有不比 0 小的自然数都有这性质，那就是，没有一个例外，所有的自然数都具备这性质。

如果 0 有一个性质，并且这性质是遗传的，则称此性质为"归纳的"。同样，一个类如果是遗传的，并且 0 是它的一分子，则称这类是"归纳的"。

给定一个遗传类，0 是它的一分子，那么 1 也必是它的一分子，因为一个遗传类包括它的分子的后继，而 1 就是 0 的后继。同样，给定一个遗传类，1 是它的一分子，那么 2 也是它的一分子；如是类推。这样我们可以通过一步接一步的步骤证明，任何指定的自然数，如 30,000，是每一个归纳类的一分子。

给定一自然数，有许多遗传类包含这已知数，这些类所有的分子我们就定义为对于"直接前趋"(immediate predecessor)关系(也就是"后继"关系的逆关系)而言的，这已知数的"后代"(posterity)，或说，由"直接前趋"这一关系而有的这已知数的"后代"。一个自然数的后代包含它自己和所有较它大的自然数，这是很容易看出的，但是我们还不曾正式证明。

按照上面的定义，0 的后代由属于每一个归纳类的项所组成。现在不难明了，它就是从 0 起，通过接连的步骤从一个到次一个所得到的那些项形成的类。因为，第一，照我们已经定义的意义讲，这两类都包含 0；第二，假如 n 属于这两类，$n+1$ 也是。须注意，我们在这里所处理的还不容许精确的证明，不过是一个较模糊的概念与一个较精确的概念的比较。"从 0 起，由接连的步骤从一个到次一个所得到的那些项"这一概念虽然看来似乎表示一个确定的意义，其实是模糊的；反之，正是在前一概念模糊不清的地方"0 的后代"是精确的、明晰的。它可以把我们想用前一概念所表示的意义表示出来。

我们现在作出下面的定义：

"自然数"就是对于"直接前趋"这一关系（"后继"的逆关系）而言的 0 的"后代"。

这样，我们做到了以皮亚诺的三个基本概念中的两个来定义其余一个。由于这个定义，他的基本命题中的两个——一个说 0 是一个数，一个是数学归纳法——变成不必要的，因为它们都可由定义得出。至于一个自然数的后继也是一自然数这一命题也可以减弱成为"每一个自然数有一个后继"，只是这样的一个形式就够了，就可以代替上一命题。

自然，我们也能够用我们在第二章中所得到的一般的数的定义很容易地定义出"0"与"后继"。数 0 是一个没有分子的类的项数，亦即，所谓"空类"的项数。应用数的一般定义，空类的项数是所有与空类相似的类的集合，也就是仅由空类所构成的集合，或者，以空类为唯一分子的类（这一点是很容易证明的）。（注意：这类并不等同于空类，它有一个分子，即空类；而空类本身却没有分子。有一个分子的类绝不等同于它所有的那个唯一的分子，其理由在我们讨论到类的理论时，将加以解释。）是以我们有如下的纯逻辑的定义：

0 是以空类为唯一分子的类。

现在剩下的是来定义"后继"。给定任何数 n，令 α 为有 n 个分子的类，又 x 不是 α 的一分子，那么以 α 再加上 x 所形成的类就有 $n+1$ 个分子。因此我们有下面的定义：

类 α 所有项数的后继就是 α 与任何不属于 α 的项 x 一起所构成的类的项数。

　　使这定义完善,需要些精微的理论,但是它们与我们无关,现在
24 不加论列①。记住在第二章中我们已经得出了一类中项数的逻辑定
义,那就是,所有和这给定的类相似的类的类,或者,类的集合。

　　如是,我们已经将皮亚诺的三个基本概念全归约到逻辑的概
念:我们已经作出它们的定义,这些定义使它们意义确定,不再容
许无穷个不同的解释,如像它们仅限于服从皮亚诺的五个公理时
那样。基本概念是只可了解而不能定义的,如今我们不再把这三
个概念列为基本概念,这样,可以增加数学演绎的清晰性。

　　至于五个基本命题,它们中间的两个可以用我们的"自然数"
的定义而证明,这一点我们已经做到了。然则其余的三个又如何?
0 不是任何数的后继,和任何数的后继是一数,都是很容易证明
的,但是关于"没有两个数有相同的后继"这仅剩的一个基本命题
却有一点困难。如果宇宙中个体的总数不是有穷的,这个困难不
致发生;因为:给定两个数 m 和 n,这两个数都不是宇宙中个体的
总数,容易证明:除非 $m = n$,我们绝不会有 $m + 1 = n + 1$。但如
我们假定宇宙中个体的总数是有穷的,譬如说,10;那么就没有一
个类有 11 个个体,11 这数就是一个空类,数 12 亦然。这样,我们
就有 11 = 12;因此 10 与 11 虽不同,10 的后继却与 11 的后继相
同。于是我们有两个不同的数有相同的后继。但若宇宙中个体数
不是有穷的,第三个公理的失效就不可能发生。稍后,我们将回到
这个题目②。

_____

　　①　见《数学原理》卷二 * 110。
　　②　见第八章。

　　假定宇宙中个体的数目不是有穷的,那么依据上面的讨论,我们已经做到的不仅是以逻辑的基本概念定义出皮亚诺的三个基本概念,并且还了解如何用逻辑的基本概念与命题来证明他的五个基本命题。因之,我们得到一个结论:所有纯粹数学,既然它能从自然数的理论演绎出来,就不过是逻辑的延伸。并且即使是不能从自然数的理论演绎出来的数学的现代分支,将以上的结论推广到它们,也没有原则上的困难。这一点,我们已经在别处证明[①]。

　　我们借以定义自然数的数学归纳法是可以推广的。我们曾将自然数定义为对于直接前趋这一关系而言的 0 的"后代"。假使我们称"直接前趋"这一关系为 N,任何数 m 对于 $m+1$ 就有 N 关系。如果只要 m 有一性质,$m+1$ 也有,或者说,m 与之有 N 关系的数也有,则此性质为"对于 N 是遗传的",或者简单地,"N-遗传的"。又如 m 所有的每一种 N-遗传的性质 n 都有,则称 n 属于对于关系 N 而言的 m 的"后代"。这些定义全都可以应用于任何其他关系,就像应用于 N 一样。所以如果 R 是不论一个什么关系,我们可以建立以下的几个定义[②]:

　　假使一项 x 有一性质;又如 x 对 y 有 R 关系,则 y 也有此性

---

　　①　关于不是纯粹分析的几何学可参考《数学原则》(*Principles of Mathematics*)第六编;关于理论动力学(rational dynamics)见同书第七编。

　　按:《数学原则》是译英文"Principles of Mathematics",《数学原理》是译拉丁文"Principia Mathematica",其实后面的拉丁文与前面的英文意义完全一样,将它们译成中文时本该没有区别,现在勉强一译《数学原则》,一译《数学原理》以区分二书。在学术界常简称"Principia Mathematica"为 PM,我们也照用。——译者

　　②　这些定义以及归纳法的普遍理论属于弗芮格,早在 1879 年,发表在他的《概念文字》(*Begriffsschrift*)中。虽则这本书价值巨大,但作者相信,在它出版后二十多年,作者是第一个研读过它的人。

质；那么这性质称为是"R-遗传的"。

给定一个类，如果定义它的性质是 R-遗传的，那么这类也是 R-遗传的。

假使有一项 x 与其他的项有 R 关系，或者其他的项与 x 有 R 关系，（这个前提仅仅是为了除去一些不关紧要的情形，——按：如 x 根本不和任何一项有 R 关系，或者也无任何一项与 x 有 R 关系 则自无所谓 x 有 R-遗传性质，因之下面所说的 x 为另一项的 "R-祖先"也无意义。——译者）又有一项 y 具有 x 所有的每一种 R-遗传的性质，则称 x 为 y 的"R-祖先"。

26　　所谓 x 的"R-后代"就是以 x 为其 R-祖先的各项。

依据以上的定义，假如有一项是任何一项的祖先，那么它也是它自己的祖先并且还属于它自己的后代。我们这样定义完全是为了方便。

如若我们取 R 为"双亲"关系，可以看出，除了一个人包括在他自己的祖先与后代这一点以外，我们这里所谓的"祖先"与"后代"和通常意义的"祖先"与"后代"并无分别。"祖先"必须能由"双亲"定义出来，这自然是很明显的事，但是直到弗芮格发展他的归纳法的一般理论以前，没有人能够以"双亲"精确地定义"祖先"。对于这一点我们稍作思考，就可证明这个理论的重要性。一个人第一次遇到以"双亲"来定义"祖先"这个问题时，会很自然地说，如果 A 与 Z 之间有一些人，B，C，……，其中 B 是 A 的儿子或女儿，又每一个人是后面一个人的父亲或母亲，直到最后一个人是 Z 的父亲或母亲；则 A 是 Z 的祖先。可是这个定义是不充分的，除非我们加上一点：其间的项数是有穷的。试取下面一串为例：

$$-1, -\frac{1}{2}, -\frac{1}{4}, -\frac{1}{8}, \cdots, \frac{1}{8}, \frac{1}{4}, \frac{1}{2}, 1。$$

这里先是一串没有末项的负分数,然后是一串没有首项的正分数,在这一串中,$-\frac{1}{8}$是否可以作为$\frac{1}{8}$的一个祖先? 按照以上提出的首项的定义,它可以算是的,但按照定义要给出我们所想要定义的概念来说;或者说按照我们心目中的概念的真正定义来说,却不然*。原因就在中间项数应该是有穷的,这一点非常重要。我们已经知道"有穷"要用数学归纳法来定义,而且直接用数学归纳法来定义广义的祖先关系比先仅就 n 对 $n+1$ 这种关系来定义,然后由这一种情形再推广及于其他情形,要简单一点。在这里犹如其他地方一样,首先就以一般情形而论,虽则在刚开始时需要较多的思考,但从长远来看节省思想,并且增加逻辑力量。

过去数学归纳法在证明中的使用是颇为神秘的。似乎没有什么理由怀疑它是有效的证明方法,然而没有一个人确实知道为什么它是有效的。有些人相信它确实是逻辑中所谓的归纳法的一种情形。庞加莱(Poincaré)①认为它是最重要的一条原则,它可以将无穷多的三段论缩减成一个论证。现在我们知道所有这些观点都是错误的,并且数学归纳法是一个定义,而非原则。对于一些数它能适用,也有其他的数(如我们在第八章中将要见到的)它不能适用。

---

* 我们知道这级数是正负两方都趋近于 0,以 0 为极限,在 0 的附近,级数有无穷多的项。但因归纳法只能适用于有穷多的项,所以由归纳法定义出的概念也必是有穷的。如今既然 $-\frac{1}{8}$ 与 $\frac{1}{8}$ 之间有无穷多项,所以 $-\frac{1}{8}$ 不是 $\frac{1}{8}$ 的一个祖先。——译者

① 见《科学与方法》(*Science and Method*),chap.iv.

正因我们**定义**"自然数"为借助数学归纳法的证明所能适用的一些东西,也就是,具有一切归纳性质的那些东西。所以这些证明能应用于自然数,这一点也不是由于神秘的直觉,公理或者原则,而纯粹是一个字面上的命题,所谓证明不过是做字面上的工作。如果"四足兽"定义为有四只脚的动物,那么有四只脚的动物就是四足兽。自然数所以服从数学归纳法与四足兽这一例完全相似。

我们将用"归纳数"这一名词指我们迄今以"自然数"表示的同一类。因为它能提醒我们数的类是由数学归纳法得到的,所以它比"自然数"这一名词更好、更恰当。

数学归纳法比别的东西更能表示出有穷的本质特征,有穷与无穷的区别。数学归纳法的原则通常可以叙述成后面的形式:"能从一个推论到次一个的就能从第一个推论到末一个。"如果从第一个到末一个其间的步骤是有穷时,它是真的,此外不真。任何人如曾注视过开始行动的一列货车,会注意到推动力如何由于跳动从一个货车输送到次一个,直到后来,最后的货车也行动起来。当列车很长时,在最后的货车移动前需要一段很长的时间。假使列车是无穷长,就有无穷的跳动相继,而全部列车行动的时候将永远不会到来。但如有一列不比归纳数串(我们将知道这是最小的无穷数的一例)长的货车,并且它的引擎能一直支持下去,纵使后面总有不曾开始移动的货车,可是每个货车迟早将要移动。这个譬喻可以帮助解释从一个到次一个的论证,和这论证与有穷的关联。当我们论及无穷数时,数学归纳法的论证将不再有效,然而由于对照,无穷数的性质可以帮助我们明了,我们所以几乎是不知不觉地将数学归纳法用于有穷数的缘故。

第四章　序的定义

　　现在我们关于自然数串的分析已经使我们得到了它的分子，它的分子所构成的类以及一个分子与它的直接后继的关系这三个概念的逻辑定义。而今我们必须讨论自然数在 $0,1,2,3,\cdots$ 这样的次序中**序列的**（serial）特性。通常我们想到数总以为它们是在这样一个次序中，在分析我们的论据，探求用逻辑概念定义"序或次序"（order）或"序列"（series）的工作中，这是非常重要的一点。

　　序的概念在数学中非常重要。不仅整数有序，就是有理分数和所有的实数都有一个大小的次序，而这是它们大部分数学性质的要素。在一直线上诸点的次序对于几何学是重要的；略较复杂的，如在一平面上经过一点的诸直线的次序，或者经过一条直线的诸平面的次序也很重要。几何学中维（dimension）的概念就是由序的概念发展而来。作为所有高等数学的基础的**极限**概念也是一个序列的概念。数学中确是有些部分不凭借序的概念，但是和涉及这个概念的部分比较，这些部分，是微乎其微的。

　　在求作序的定义时，第一件须认清的事是没有一个项的集合恰好只有**一个**次序而排斥其他的次序。一个项集能容许多少种排列方式，或者说能容有多少种次序，它就实有多少种次序。有时一个次序对于我们的思想来说熟悉得多、自然得多，以致我们把它当

30　作这个项集的唯一次序；但是这是一个误解，我们想到自然数——

或如我们称作的"归纳数"——很容易地就想到它们是依大小次序

排列的；可是它们能容许无数的其他种排列。例如我们可以先考

虑所有的奇数，然后所有的偶数；或者先是 1，然后所有的偶数，3

的所有奇数倍，5 的但非 2 或 3 的所有倍数，然后非 2 非 3 非 5 的

7 的所有倍数，如是继续排尽整个素数序列。我们说我们将这些

数"排列"成各种不同的次序，这句话是一句不精确的话，我们真正

做到的只是将我们的注意移到自然数间的某些种关系上去，由于

这些关系才产生如此这般的一种排列。我们不能排列满布星辰的

天空，我们也不能排列自然数；但是正如在固定的星辰中，我们可

以注意它们明亮的程度，或者它们在天空中的分布，在数中也有许

多不同的，可以注意的关系，这些关系产生数的各种不同的次序，

所有这些次序同样的合理。或者其中一种次序对于我们比较熟

悉，但是别的也同样成立。这情形不仅对于数是如此，对于一条直

线上的诸点，或者时间的瞬间也一样：譬如在一条直线上我们可以

首先取有整数坐标的各点，然后有有理数但非整数的坐标的各点，

然后一切有代数的无理数的坐标的点，以此类推，随我们意之所

欲，排尽任何复杂的项集。不论我们是否愿加注意，这样产生的次

序总是直线上诸点所确有的，关于一个项集的各种次序唯一随意的

是我们的注意，至于诸项本身永远具有它们所能容许的一切次序。

　　因为一个项集有许多次序，我们必不可在被排列的项集的性

质中寻求序的定义，这是以上讨论的一个重要结果。次序不在项

集中，而是在项集的分子间的一种关系中，由于这种关系乃有一些

31　项出现在前，一些项在后。一个类可以有许多种次序这个事实是

由于一个类的分子间可能有许多种关系。然则为了产生一种序，一个关系须具有些什么性质？

假设有一种关系能产生序，又有一个类为这关系排成次序，我们注意这类中的任何二项对于这关系而言，必定是一个在先一个在后，注意到这点，可以发现能产生序的关系的本质特征。现在为使这些字眼能适合于通常我们所了解的意义，序的关系应该具有以下三种性质：

(1)如果 x 在 y 之先，或说 x 先于 y；则 y 必不先于 x。这是产生序列的关系的一个显著特性。如像 x 小于 y，则 y 不小于 x。x 在时间上早于 y，则 y 不早于 x。x 在 y 之左，则 y 不在 x 之左。反之，不能产生序列的关系常没有这种性质。如 x 是 y 的兄弟或姊妹，则 y 也是 x 的兄弟或姊妹。又如 x 与 y 同高，则 y 也与 x 同高；x 不与 y 同高，则 y 也不与 x 同高。所有这样的情形中，当 x 与 y 之间有一种关系时，y 与 x 也有这种关系。然而对于序列的关系，这样的情形不能发生。一个关系具有这第一种性质，称为**非对称的**(asymetrical)。

(2)如果 x 先于 y，并且 y 先于 z，x 必先于 z。这一点也可以用前面的**小于**，**早于**，**在左**的例子来解释。但是在以上三个例子中只有两个可以作为不具这种性质的例子。假使 x 是 y 的兄弟或姊妹，y 又是 z 的兄弟或姊妹，则 x 可能是也可能不是 z 的兄弟或姊妹，因为 x 与 z 可能是同一个人。这一种情形在高度不等的情形中也可能发生，但在高度相等的情形中则不会发生，高度相等的情形具有我们的第二种性质而无第一种性质。反之，"父亲"关系具有第一种性质而无第二种性质。一个关系具有这第二种性质称为 32

传递的(transitive)。

（3）给定为一关系所排列的一类中的任何二项，必是一个在先，另一个在后。例如，任意二整数，分数或实数，必是一个较小，而另一个较大；但是对于任意二复数则不真。又在时间中任何二瞬间，必是一个早于另一个；但是对于二事件则不然，因为它们可能同时发生。在一直线上的二点，必是一个在另一个之左。一个关系如果具有这第三种性质，就称为连通的(connected)。

当一个关系具有这三种性质时，就在有这关系的诸项间产生一种序。反之，无论何处有一种序存在，总可能发现一种关系，具有以上三种性质，产生以上的序。

在解释这个论题前，我们要引入几个定义。

（1）一关系称为是示异的(aliorelative)①，或者说包含于，或者说蕴涵，相异性，如果没有一项对其自身有这关系。例如"大于"，"大小不等"，"兄弟"，"丈夫"，"父亲"都是示异的；但是"相等"，"为同一父母所生"，"好友"却不是。

（2）当 x 与 z 两项之间有一中间项 y，使得 x 与 y 之间及 y 与 z 之间有同一关系时，则 x 与 z 之间的关系是此关系的平方(square)。例如"祖父"关系是"父亲"关系的平方，"大二数"是"大一数"的平方，等等。

（3）一关系的前域由所有那些项所组成，这些项与其他东西有此关系。一关系的后域由所有那些项所组成，这些项是其他东西与它有此关系。这些概念曾经定义过，在此不过是为了以下定义

---

① 　这个概念是从 C. S. Peirce 来的。

而回忆一过：

（4）所谓一关系的**域**（*field of a relation*）就是此关系的前域与后域所合成。

（5）一关系称为**包含**或者**蕴涵于**另一关系中，如果不论何时另 [33] 一关系成立，则此关系也成立。

我们可以看出，**非对称**的关系即其平方是示异的关系。常常会有关系是示异的，但不是非对称的。例如，"配偶"虽是示异的，然而也是对称的，因为，如果 x 是 y 的配偶，y 也是 x 的配偶。可是在**传递的**关系中所有示异的关系都是非对称的；反之所有非对称的关系也都是示异的。

从这些定义中可知一**传递**关系是为它的平方所蕴涵的关系，或者我们也可以说，包含它的平方的关系。因而"祖先"是传递的，因为一个祖先的祖先仍是祖先；但是"父亲"不是传递的，因为一个父亲的父亲不再是父亲而是祖父。一个传递的示异关系既包含它的平方又是示异的；或者说它的平方既蕴涵它，又是非对称的，两种说法意义相同，因为，当一关系是传递的，非对称的等价于是示异的。

在一关系域中，给定任意的不同的两项，关系或者在第一项与第二项之间成立或者在第二项与第一项之间成立，如此，关系是**连通的**。（不排除两种情形都发生这一种可能性，如果关系是非对称的，以上二种情形不可能全发生。）

我们可以看出，譬如"祖先"关系是示异的、传递的，但不是连通的。因为它不足以将人类排成一个序列。

在数中"小于或等于"的关系是传递的、连通的，但不是非对称的,也不是示异的。

在数中"大于或小于"的关系是示异的、连通的,但不是传递的,因为如果 x 大于或小于 y,y 大于或小于 z,可能 x 与 z 是同一数。

34　　　是以这三种性质:(1)示异的,(2)传递的以及(3)连通的是相互独立的,因为一个关系可能有任何两种性质而无第三种性质,如我们在以上的例子中所见。

我们现在建立以下的定义:

一关系如果是传递的、示异的和连通的;或者说,如果是非对称的、传递的和连通的,则此关系称作是**序列**的。

一个**序列**即是一个序列的关系,或者简称序列关系。

或许有人以为一个序列应是一序列关系的**域**而不是序列关系本身。这种想法是错误的。譬如,

1,2,3;1,3,2;2,3,1;2,1,3;3,1,2;3,2,1。

是六个不同的序列,却有相同的域;如果关系域是序列,给定一关系域只能有一个序列。所以区分以上六个序列的只是六种情形中的不同的次序关系。给定一次序关系,域与序全都决定了。因而次序关系可以看成是序列而关系域则不能。

给定任何序列关系,譬如 P,如果 x 对 y 有 P 关系,这个我们简写成"xPy",我们就说,对于关系 P 而言 x"先于"y。P 要成为一个序列关系,必须具有以下三种特性:

(1) 我们绝不能有 xPx,亦即,绝没有一项先于它自己。

(2) P^2 必须蕴涵 P,亦即,如果 x 先于 y,y 先于 z,x 必先于 z。

(3) 如果 x 和 y 是 P 的关系域中不同的二项,我们将有 xPy
或 yPx,亦即二项中之一必须先于另一项。

读者可以很容易地使自己确信,在一个次序关系中一切能发现这三种性质的场合,我们期望于序列的特征必定也可以发现,反之亦然。所以我们有理由将以上的特征作为一个序或序列的定义。这[35]个定义是用纯逻辑的概念作出的,这是可以注意的一点。

虽然无论何处有一序列,也常有一传递的、非对称的、连通的关系,不过这个关系不总是能很自然地看成是产生序列的关系。自然数的序列可以作为一个例证。在考虑自然数时我们所假定的关系是直接后继的关系,也就是在两个相连的整数间的关系。这个关系是非对称的,但不是传递的或连通的。然而用数学归纳法我们能够从这关系得出"祖先的"关系,这在前一章中我们已经讨论过。它与归纳整数中"小于或等于"的关系相同。为了产生自然数序列我们需要"小于"关系而排除"等于"。这种关系也就是如下的 m 对于 n 的关系:m 是 n 的祖先而不等于 n,或者(同样地)m 的后继是 n 的一个祖先。换言之,我们可以建立以下的定义:

所谓一个归纳数 m 小于另一数 n,即是 n 具有 m 的后继所具有的一切遗传的性质。

这样定义的"小于"关系是非对称的、传递的和连通的,并且以归纳数作为其关系域,这是显而易见的而且也不难证明。如是由于这个关系归纳数获得了一个序,这个序就是我们已经定义过的那个序,并且这个序就是所谓的"自然"次序,或者大小次序。

通过多少类似于 n 与 $n+1$ 的关系而产生的序列是非常普通的。例如英格兰国王的序列是由每一个国王对于他的后继者的关

系所产生的。只要这种方法能应用,这种方法或许是产生一个序
36 列的最容易的方法。在这方法中,只要有次一项,我们就能从一项
到次一项;或者只要有前一项,我们就能从一项追溯到前一项。为
使我们能在这样产生的序列中定义"先于"及"后于"的关系,这个
方法常需要数学归纳法的普遍形式。以前我们定义"后代"时,一
项也包含在它自己的后代中,现在让我们将 x 从它自己的后代中
除去,我们援真分数的例,称 x 与之有 R 关系的某项的 R-后代为
x 对 R 而言的"真后代"(proper posterity)。回到基本定义,我们
可以定义"真后代"如下:

设有一项 x 与之有 R 关系,任何项,如有此项所有的各种 R-
遗传性质则这些项所构成的类即称为 x 对于 R 而言的真后代。

须注意,为了这个定义不仅在只有一项 x 是与之有 R 关系时
能适用,并且在有许多项,x 与它们都有 R 关系的情形下(如父亲
与子女的情形)也能应用,我们不得不如此构造这个定义。进一步
我们定义:

如果 y 属于对于 R 而言的 x 的真后代,那么即称 x 是对于 R
而言的 y 的"真祖先"(proper ancestor)。

为方便计,此后我们将简称为"R-后代"和"R-祖先"。

现在回过来探讨由相连的各项间的 R 关系而产生的序列。
我们知道,假使这个方法是可能的,"真 R-祖先"这一关系必是示
异、传递的和连通的。那么在什么条件下这个情形才会发生?
我们说,真 R-祖先这个关系总是传递的:不论 R 是哪一种关系,
"R-祖先"及"真 R-祖先"都总是传递的。然而只是在某些条件
下真 R-祖先才是示异的或连通的。譬如,我们注意在一个坐十

二个人的圆餐桌上左方邻人的关系。假使我们称此关系为 R，则一个人的真 R-后代包括所有从右到左绕此餐桌所能达到的那些人，亦即包括在桌上的每一个人，连这人自己也在内，因为走十二步就可将我们又带回到我们的起点。所以在这样一个情形下，虽然"真 R-祖先"关系是连通的，并且 R 自身是示异的，而因"真 R-祖先"关系不是一个示异关系，我们得不到一个序列。因为这个缘故，我们不能说对于"在右"关系而言，或者由在右而得出的祖先关系而言，一个人先于另一个人。[37]

以上是连通的但不示异的祖先关系之一例。至于示异而不连通的例子可从通常意义的"祖先"关系推导出来。如果 x 是 y 的真祖先，x 和 y 不能是同一个人；可是在任何两人中一个必为另一个的祖先这一点不真。

从相连的关系推导出祖先关系，在什么条件下这种祖先关系能产生序列，这个问题是很重要的。最重要的条件如下：令 R 为一个多对一的关系，并且使我们的注意仅限于某项 x 的后代。如此规定，"真 R-祖先"关系必是连通的；所以要保证其为序列，剩下的只是它应有示异的性质。这是餐桌一例的一个推广。另外一个推广的情形：取 R 为一个一对一关系，我们讨论的范围同时包含 x 的祖先及后代。在这里要产生一个序列的必需条件也是"真 R-祖先"关系应该是示异的。

通过相连的关系产生序的问题在它自己的范围内虽很重要，却没有用传递的关系来定义序的方法普遍。时常在一个序列中任意选择二项，纵使它们靠近在一起，其间却常有无穷多的中间项。以依大小排列的分数为例。在任何二分数间，总还有些其他的分

数——例如二者的算术中项。所以根本没有一对相连的分数这回
38 事。如果我们凭借相连性来定义序,我们将不能定义分数间的大
小次序。事实上分数间的大小关系也并不需要从相连的关系产
生,我们为定义序列关系所需要的三种特征它都具有。所有这些
情形中,序必须通过传递的关系来定义。因为只有这个关系才能
跃过无穷多的中间项。如同找出一个集合的数目的计数法一般,
相连性的方法只适宜于有穷的序列;即使它可以推广到某些无穷
的序列,即总项数虽是无穷的,而在任意二项间的项数却总是有穷
的序列;但这种情形必不可看作是一般的。不仅此,所有因假定这
方法是普遍的而引起的思想习惯全须从想象中根除。如若不然,
没有相连的项的序列将成为困惑难解的。而这样的序列对于连续
性、空间、时间以及运动的了解又至关重要。

可能产生序列的方法有许多,但是全都依赖于发现或者构造
一个非对称的、传递的、连通的关系。在这些方法中有一些是颇为
重要的。由可以称为“在……之间”关系的一三项关系而产生的序
列可以作为说明。这个方法在几何学中非常有用,并且可作为两
项以上关系的一个引导;这个关系最好和初等几何一同引入。

给定普通空间中一条直线上任意三点,必定有一点在其他二
者之间。对于一个圆上或任何其他封闭曲线上的点,情形就不然,
因为给定一圆上任意三点,我们能够从任意一点到其他任意一点
而不经过第三点。“在……之间”这一概念实是开序列——或者,
39 严格意义的序列——的特性。开序列与循环序列相反,在循环序
列中,如对于一餐桌上的人,环绕一周可以将我们带回到我们的出
发点。“在……之间”的概念可以当作普通几何学的基本概念;但

在目前,我们仅考虑它对于一条直线以及一直线上各点次序的应用[1]。取任意二点 a,b,直线(ab)乃是三部分(除 a 和 b 本身外)所组成:

(1) 在 a 与 b 之间的各点。

(2) 使得 a 在 x 与 b 之间的点 x。

(3) 使得 b 在 y 与 a 之间的点 y。

如是,直线(ab)可以用"在……之间"关系来定义。

为使"在……之间"关系能将直线上各点按从左到右的次序排列,我们需要一些假定,就是如下的:

(1) 如果有任何东西在 a 与 b 之间,则 a 和 b 不等同。

(2) 任何东西在 a 与 b 之间也在 b 与 a 之间。

(3) 在 a 与 b 之间的任何东西不等同于 a(由于(2),当然也不等同于 b)。

(4) 如 x 在 a 与 b 之间,则在 a 与 x 之间的任何东西也在 a 与 b 之间。

(5) 如 x 在 a 与 b 之间,b 在 x 与 y 之间,则 b 在 a 与 y 之间。

(6) 如 x 和 y 均在 a 与 b 之间,则 x 等同于 y,或者 x 在 a 与 y 之间,或者 x 在 y 与 b 之间。

(7) 如 b 在 a 与 x 之间,并且还在 a 与 y 之间,则 x 等同于 y,或者 x 在 b 与 y 之间,或者 y 在 b 与 x 之间。

这七个性质显然适合于普通空间中一条直线上的点。我们可由以下定义了解:凡适合它们的任意的三项关系能产生序列。为

---

[1]　参考 *Rivista di Matematica*,iv.pp.55 ff.;及《数学原则》p.394(§375)。

40 了确定的缘故,让我们假定 a 在 b 之左,于是直线 (ab) 上的点是:
(1)a 在它们与 b 之间的点——这些点我们称为在 a 之左;(2)a 本身;(3)a 与 b 之间的点;(4)b 本身;(5)b 在它们与 a 之间的点,——即在 b 之右的诸点。在直线 (ab) 上两点 x、y,我们说 x 在 y"之左",现在可以一般地定义为以下的任何一种情形:

(1) x 和 y 全在 a 之左,而 y 在 x 与 a 之间;

(2) x 在 a 之左,而 y 是 a 或 b;或者 y 在 a 与 b 之间;或者 y 在 b 之右;

(3) x 是 a 而 y 在 a 与 b 之间或者 y 是 b 或者 y 在 b 之右;

(4) x 和 y 全在 a 与 b 之间,而 y 在 x 与 b 之间;

(5)x 在 a 与 b 之间,而 y 是 b 或者在 b 之右;

(6) x 是 b,而 y 在 b 之右;

(7) x 和 y 全在 b 之右,而 x 在 b 与 y 之间。

可以看出,从已经归之于"在……之间"关系的七种性质中,我们能够推论:以上所定义的"在左"关系正是一个如我们已定义过的序列关系。重要的是注意在定义或论证中没有一点依赖于我们以"在……之间"这个词所指的,在经验空间中出现的实际关系:任何具有以上七种纯形式的性质的三项关系将同样适合这个论证的目的,同样产生序列关系。

循环次序,如在一圆上诸点的次序,不能由"在……之间"的三项关系产生。要产生一个循环次序,我们需要一个可以称作"两两离间"的四项关系。试以环球旅行为例而论。一个人可以从英格 41 兰取道苏伊士或旧金山到新西兰;我们不能确定地说这两个地方中的哪一个是在英格兰和新西兰之间。但如一个人想环游世界,不论他走哪一道,他在英格兰和新西兰的时间被他在苏伊士和旧金山的时间分开,反之亦然。一般而言,假使我们在一圆上任取四点,我们能将它们分为两对,譬如 a 和 b 与 x 和 y,使得从 a 至 b,一个人必须经过 x 或者 y,并且从 x 到 y,一个人必须经过 a 或 b。在这些情况下我们说对子(a,b)为对子(x,y)所离间。恰如从"在……之间"关系产生一个开序一样,从这个关系能产生一个循环次序,只不过稍为复杂一点[①]。

本章后半部的宗旨在提出:所谓"序列关系的产生"问题。有些关系仅具有序列的一部分性质,在序列关系定义过后,如何从这些关系产生序列关系就成为非常重要的问题,特别是在几何学的哲学与物理学的哲学中。但在本书的范围内,我们只能使读者知道有这样的问题存在,而不能详细讨论。

---

① 参考《数学原则》p. 205(§194),及该处所列的参考文献。

第五章　关系的种类

　　数理哲学的大部分都与**关系**有关,各种不同的关系有各种不同的用途。时常会有一种性质,虽是为所有的关系所具有,却只对于某几种关系是重要的;在这些情形下读者将看不出断定这样一种性质的命题的意义,除非他记住这个命题对于那些种关系是有用的。为了这个缘故,以及这题目本身的兴趣,对于在数学上比较有用的各种关系,最好在我们的心目中有一个大概的目录。

　　在前一章中我们讨论了一类非常重要的关系,就是**序列**关系。我们用来一起定义序列的三种性质——即**非对称性、传递性**以及**连通性**——各有各的重要性,现在我们就从这三种性质的讨论开始。

　　非对称性,即,一关系与其逆关系不相容的性质,或者,不可逆的性质,是最有趣的,最重要的。为了引申它的作用,我们先考虑几个不同的例子。**丈夫**关系是非对称的,**妻子**关系也是;如 a 是 b 的丈夫,b 不能也是 a 的丈夫,在**妻子**的情况下也一样。但另一方面配偶关系却是对称的:如 a 是 b 的配偶,b 也是 a 的配偶。假定我们已有**配偶**关系,而要定义**丈夫**关系。因为**丈夫**即是**男性配偶**或者**一个女性的配偶**;所以**丈夫**关系可由配偶关系引申出来,通过将配偶关系的前域限制于男性,或者将它的后域限制于女性而引申出来。从这个例子我们知道,给定一对称关系,有时不需任何其他关系的帮助,即可将之分为两个非对称的关系。但是这种可能的情形究竟是少有的,例外的,在这种情形下有两个互相排斥的类,或,无共同分子的类,譬如说 α 和 β,使得无论何时在两项之间有一关系时,必定是一项属于 α,另一项属于 β——例如在**配偶**的情形中,关系的一项属于男性类,另一项属于女性类,在这种情形下前域限于 α 的关系是非对称的,同样,前域限于 β 的关系也是非对称的。但当我们讨论到两项以上的序列时,所发生的情形就不同;因为在一序列中,一切项,除首项和末项外(如果它们存在的话),都是既属于产生这序列的关系的前域,也属于它的后域,所以前域与后域不相交,无共同分子的关系,如丈夫关系,是被排斥在外的。

有些关系有某种有用的性质,有些关系仅具这性质的雏形,如何对后一关系加以处理以**构造**前一关系,这问题相当重要。在许多情形下原来给定的关系并不具有传递性和连通性,但是传递性和连通性可以很容易地构造出来:例如,不论 R 为何种关系,借助广义归纳法从 R 所导出的祖先关系即是传递的;并且如 R 是多对一的关系,只要限制于一给定项的后代,这祖先关系即是连通的。但是非对称的性质却很不容易构造。我们已经见到从**配偶**导出**丈夫**这样的方法在多数重要的情况下,如**大于**,**先于**,**在右**等情形下,是不适用的,这些关系的前域与后域相交,它们有共同的分子。在所有这些情况下,我们自然能将给定的关系以及其逆关系相加而得到一个对称关系,但是我们不能逆转从这对称关系得到原来非对称的关系,除非另外还借助于某个非对称的关系。以**大于**关系[44]为例。原来**大于**或**小于**亦即不等关系,是对称的,然而在这关系中没有一点东西显示出是两个非对称关系之和。又如就"形状不同"这一关系而论，更非一个非对称关系及其逆关系的和，因为形状不形成一个单独的序列。但如我们不是事先知道大小有大于和小于的关系，我们就会觉得"大小不同"和"形状不同"并无分别。"形状不同"一例说明了关系的非对称性质的基本特点。

从关系的分类这一观点看，非对称的性质比示异的性质更重要。非对称的关系是示异的，然而相反地，示异的关系不一定非对称。例如"不等"是示异的，却也是对称的。概言之，我们可以这样说：如果我们希望尽可能地去掉关系命题而替之以主谓词式命题，只要我们限制于**对称**的关系，这一点是可以做到的：传递而非示异的关系可以看作是断定一个共同的谓词，至于传递且示异的关系是断定不相容的谓词。例如就**两类之间的相似**关系而言，这关系我们曾用来定义数，它是对称的、传递的，但非示异的。下面有一个方法，虽然没有我们曾经采用的方法简单，但是也是可能的：我们可以将一个集合的数目看成是这个集合的谓词，如是则两个相似的类即是有相同的数的谓词者，两个不相似的类即是有不相同的数的谓词者。只要所研究的关系是对称的，这样，以谓词代替关系的方法在形式上是可能的（虽然常常很不方便）；但当关系是非对称时，这个方法从形式上说就不可能，因为无论谓词的同或不同都是对称的。我们可以说非对称的关系是各种关系中关系特征最显著的，并且哲学家们如果想研究关系的逻辑性质的究竟，这种关系对于他们也是最重要的。

另外一种非常有用的关系是一对多的关系，这种关系就是对于一给定的项而言，至多只能有一项与之有此关系。父亲，母亲，丈夫(藏族的情形除外),数的平方,角的正弦等关系都是。但是父母,平方根等等却不是。从形式上说我们可以通过一种处理将所有的关系替以一对多的关系,例如归纳数之间的**小于**关系。给定任一大于1的数 n,与 n 有**小于**关系的并不止一数而是有许多数,这些数形成一个类。这个类与 n 的关系是任何其他的类所没有的。我们可以称这个类,小于 n 的数的类,为 n 的"真祖先",这里所谓"祖先"即是我们曾经说过的,与数学归纳法有关的祖先、后代这种意义上的祖先。这样"真祖先"是一个一对多的关系(**一对多**的关系也包含**一对一**的关系),因为每一个数决定一个独特的数类构成它的真祖先。如此,**小于**关系可替之以**真祖先中一分子关系**。依照这种方法,一个一对多的关系,此处的一乃是指一个类以及它的全体分子,从形式上说总是可以代替一个不是一对多的关系。皮亚诺因为某种缘故,常常本能地将一个关系看成是一对多的,他以这种方法处理一些原来并非一对多的关系。用这种方法将关系归约为一对多的,虽然在形式上总是可能的,技术上并没有化简,并且即使仅仅为了类必须看成是"逻辑的虚构"这一原因,我们也有理由认为这个方法不能算是一种哲学的分析。因之,我仍然把一对多的关系当作一种特殊的关系。

一对多的关系常包含在"某某的某某"这样的词组中。"英国的国王","苏格拉底的妻子","穆勒的父亲"等等,全是以对于一给定项的一对多的关系来摹状某一个人。一个人不能有一个以上的父亲,所以即使我们不知道穆勒的父亲是谁,我们仍可知道这样的词组"穆勒的父亲"是描述一个人。关于摹状词(description)有许多可说的,但是目前我们讨论的是关系,摹状词不过是作为例子以

46

解释一对多的关系的用途。我们注意,所有的数学函数都是从一对多的关系得出的。x 的对数,x 的余弦等都像 x 的父亲一样,是以对于一给定项(x)的一对多的关系(对数,余弦等)来摹状的。函数概念不必限于数 *,或限于数学家使我们习知的用途;它可以推广到所有一对多的关系的情形,"x 的父亲"是一个以 x 为变目的函项,它和"x 的对数"同样是个合法的函项。这种意义上的函项是**摹状**函项(descriptive function),以后我们将见到有一种更普遍,更基本的函项,即**命题**函项(propositional function);至于目前,我们的注意仅限于摹状函项,如 R 是任意一个一对多的关系,摹状函项即是"与 x 有 R 关系的项",或者简单地说,"x 的 R 关系者"。

注意如果"x 的 R 关系者"是描述一个确定的项,则必有一东西与 x 有 R 关系,并且没有一个以上的东西与 x 有 R 关系**。是以如果 x 是亚当、夏娃以外的任何一个人,我们可以说"x 的父亲"这一句话,因为它是有意义的;但如 x 是一张桌子,一把椅子或者其他任何没有父亲的东西,我们就不能说"x 的父亲"这样一句话,因为它没有意义。因而如 R 是一个一对多的关系,只要 x 属于 R 的后域,x 的 R 关系者总是存在的。如 x 不属于 R 的后域,则不

---

* 作者既经言明,函数概念不限于数,在不限于数的情形下,我们译作函项。——译者

** "x 的 R 关系者"原文为"The R of x",其中有一定冠词"the",所以原文在此尚有一句解释:因为正确地使用的定冠词"the"必定含有唯一的性质。但在汉语中无定冠词,在这里我们无法将上句翻译出来。因此,我们索性将上面一句省去。由此可以知道原来在英文里是十分明显的思想,在汉语里却不容易看出,这是语言文字方面的差异造成的。——译者

然。我们若以"x 的 R 关系者"看作数学意义上的一个函数,我们称 x 是这函数的"自变数"(argument),并且如 y 是与 x 有 R 关系 47 的项,或,y 是 x 的 R 关系者,那么 y 即是对于自变数 x 而言的函数的"值"(value)。设 R 为一对多的关系,则对于这函项,一切可能的自变数的范围或变程(range)即是 R 的后域,值的范围或变程即是前域;因而对于"x 的父亲"这一函项而言,所有可能的自变数的变程就是一切有父亲者,亦即,**父亲**关系的后域,至于一切可能的值的变程是所有的父亲,亦即,父亲关系的前域。

在关系逻辑的理论中,许多极重要的概念都是摹状函项,例如:**逆关系,前域,后域,关系域**等。讨论进行下去,还将遇到其他的例子。

在一对多的关系中,**一对一**的关系是特别重要的一类。在讨论数的定义时,我们曾经提及一对一的关系,但是必须熟悉它们,不仅是知道它们的形式定义。它们的形式定义可以从一对多的关系导出:它们可以定义为一对多的关系,而此一对多的关系又为另一一对多的关系的逆关系,也就是,既是一对多又是多对一的关系。至于一对多的关系可以定义为:如果 x 与 y 有所说的关系,则没有其他的项 x' 也与 y 有此关系。一对多的关系或者还可以定义如后:给定一关系与两项 x 和 x',x 与之有给定关系的各项和 x' 与之有此关系的各项之间并无共同分子。又或我们可以利用"关系积"(relative product)来定义一对多的关系,所谓 R 与 S 二关系的"关系积"仍是一关系:如在 x 与 z 之间有一中间项 y,使得 x 与 y 有 R 关系,y 与 z 有 S 关系,则称 x 与 z 有此关系;至于一对多的关系即是一关系与其逆关系的关系积包含等同关系。例如,设 R 为父亲对儿子的关系,又令 R 关系与其逆关系的关系积为 S,x 与 z 之间有 S 关系即是另有一 y,x 与 y 有 R 关系即 x 是 y 的父亲,又 y 与 z 有 R 的逆关系,即 y 是 z 的儿子,显然,在这个情形中,x 与 z 必是同一人。然而另一方面,如果我们就父母与子女的关系而论,因为这关系不是一对多的,我们就不再能断言:如果 x 是 y 的父母,又 y 是 z 的子女,则 x 与 z 必是同一人,因为 x 与 z 二人中可能一人是 y 的父亲,另一人是 y 的母亲。以上的例子可以说明一对多的关系的特征,凡一对多的关系与其逆关系的关系积皆包含等同关系。在一对一关系的情形下不仅一关系与其逆关系的关系积包含等同关系,即其逆关系与关系本身的关系积也包含等同关系。给定一关系 R,如 x 与 y 有 R 关系,我们可以作一个方便的设想,把 y 看作是从 x 经"R-步"而达到的;同样,x 可由 y"后退 R-步"而达到。R-步后继之以后退 R-步一定把我们带回到原来的出发点,这是我们已经说过的一对多的关系的特征。但是其他关系,就绝不会有这样的情形;例如设 R 为子女对父母的关系,R 关系与其逆关系的关系积是"自己或兄弟姊妹"的关系,又如 R 是孙子孙女对祖父母的关系,则 R 与其逆关系的关系积是"自己或兄弟姊妹或堂兄弟姊妹"的关系。我们须注意两个关系的关系积不是一般地可以交换的,或者说关系 R 与 S 的关系积和 S 与 R 的关系积一般地并不相同。如父母与兄弟的关系积是"伯叔或舅"的关系,然而兄弟与父母的关系积仍是父母关系。

　　一对一的关系使两类一项与一项对应,使得两类中任一类的每一项在另一类中都有对应者。当两类中没有共同的分子时,这样的对应是最易了解的,如像丈夫类和妻子类;因为在这样的情形中,关系域中任取一项我们立即可以知道对应关系是否是从这一项出发还是到达这一项。为方便起见,我们称关系**由之**出发的项为**关系者**(referent),称关系所及的项为**被关系者**(relatum)。如 x 和 y 是丈夫和妻子,那么对于"丈夫"关系而言,x 是关系者,y [49]是被关系者,但是对于"妻子"关系而言,y 是关系者,x 是被关系者。我们说一关系与其逆关系有相反的"意义",因而从 x 到 y 的关系的意义和对应的从 y 到 x 的关系的意义相反。一关系有一个"意义"这是一个基本的事实,它也就是为什么次序能由适当的关系产生的部分原因。注意,一给定关系的一切可能的关系者所形成的类是此关系的前域,一切可能的被关系者所形成的类是它的后域。

可是一对一关系的前域与后域常会相交,或说,有共同分子。就取前十个整数(0 除外)为例,于每一数都加 1;这样我们有下面的整数

$$2,3,4,5,6,7,8,9,10,11。$$

而不是从 1 到 10 的前十个整数。除了在开始时去掉 1,并且在最后加上 11 以外,这些数与前十个并无不同。它们仍然是十个整数;由于一个一对一的关系,即,n 对 $n+1$ 的关系,它们与前十个相对应。或者,我们不在原来的十个整数上加 1,而是使每一个整数都加倍,这样我们得到十个整数

$$2,4,6,8,10,12,14,16,18,20。$$

这里我们仍然有五个原先的整数,即,2,4,6,8,10。在这个情形中的对应关系是一数对于它的 2 倍的关系,也是一个一对一的关系。或者我们还可以使每一数为它的平方所代替,如是得到如下的集

合：

$$1,4,9,16,25,36,49,64,81,100。$$

在这个场合仅有三个原先的数被保留,就是 $1,4,9$。类似这样的对应可以有无穷多。

　　以上这类情形中最有趣的一种是:一个一对一关系的后域虽不等于前域,却是前域的一部分这样的情形。如果我们不把前域限制于十个整数,而考虑所有的归纳数,可以解释这个情形。我们将所讨论的数排成两行,一数的对应者直接排在这数下面,因而,若对应关系是 n 对 $n+1$ 的关系,我们有如下的两行:

$$1,2,3,4,5,\cdots,n,\cdots$$
$$2,3,4,5,6,\cdots,n+1,\cdots$$

若对应关系是一数对于它的倍数的关系,则有:

$$1,2,3,4,5,\cdots,n,\cdots$$
$$2,4,6,8,10,\cdots,2n,\cdots$$

又若对应关系是一数对于它的平方的关系,这两行就是:

$$1,2,3,4,5,\cdots,n,\cdots$$
$$1,4,9,16,25,\cdots,n^2,\cdots$$

在所有这些情形中,所有的归纳数全出现在上一行中,只有一些归纳数出现在下一行中。

　　当我们讨论到无穷时,"后域是前域的真部分"这一种情形将重新成为我们研究的对象,至于现在,我们只需注意它们存在并且需要研究。

　　另一类重要的对应是所谓的"排列"。在各种不同的排列中前域与后域是等同的。试就三个字母的六种可能的排列而论:

$$a , b , c$$

$$a , c , b$$

$$b , c , a$$

$$b , a , c$$

$$c , a , b$$

$$c , b , a$$

六种排列中每一种都能够从其他的任何一个由对应关系得到。以 51
第一个与最后一个,(a,b,c)与(c,b,a)为例。在此 a 对应于 c,
b 对应于它自己,又 c 对应于 a。很明显,两种排列的组合也是一
种排列,或说,一给定类的各种排列形成一个所谓的"群"。

各种不同的对应在各种不同的方面有其重要性,有些是为了
某个缘故,有些是为了另外的目的。至于一般的一一对应的概念
在数学的哲学中极其重要,我们已经见到一部分,此后还要更充分
地讨论。下章即讨论这概念的许多用途中的一种。

第六章　关系的相似

　　在第二章中我们已经知道如果两个类相似,或说,如果有一个一对一的关系以一类作为它的前域,另一类作为它的后域,那么这两类就有同样的项数。在这样的情形下,我们说这两类有一个"一一对应"关系。

　　在本章中我们要定义一个关系之间的关系,这个关系间的关系之于关系,就像类的相似之于类。这关系我们将称为"关系的相似";或者如果我们希望用一个不同的字以别于类的相似时,则可称之为"相仿"。然则相仿如何定义?

　　我们仍然须利用"对应"的概念:假定一关系的前域与另一关系的前域对应,又后域与后域对应;然而仅仅这一点,对于我们希望于两个关系所有的相似,是不够的。我们所希望的是,不论何时,两项间有其中一个关系,则两项的对应者必有另一关系。这一类情形显而易见的例子就是地图。当一地在另一地之北时,在地图上,相当于这个地方的地点也是在相当于另一个的地点的上面,又,一地在另一地之西时,在地图上,相当于这个地方的地点也是相当于另一个的地点的左面;诸如此类。一个国家的地图的结构相当于这个国家的结构。一个国家的地图中的空间关系和这个国家中的空间关系有一种"相仿"。我们所想定义的正是关系之间的这种关联。

我们要着手定义"相仿"关系,为了方便,首先我们可以提出某种限制。在定义中,我们要使我们自己限制于有"关系域"的那些关系,亦即可以从它的前域和后域构成一个单一的类的关系。这种情形可并不常有。举"前域"关系为例。所谓前域关系就是一关系的前域与这关系之间的关系。这个关系以所有的类作为它的前域,因为每一个类都是某个关系的前域;而以所有的关系作为它的后域,因为每一个关系都有一个前域。但是类与关系不能合在一起形成一个新的单一的类,因为它们属于不同的逻辑"类型"(types)。我们不必详论困难的类型论,但是当我们避免作详细的讨论时,最好还是约略地知道一点。我们可以说只有当一个关系是"齐性的"(homogeneous)时候,也就是,只有当一个关系的前域和后域属于相同的逻辑类型时,一个关系才有一个"关系域";至于这个规定的理由我们暂不必追究。作为"类型"的意义的粗略说明,我们可以说,个体,个体的类,个体之间的关系,类之间的关系,类与个体之间的关系等等,都是不同的类型。现在既然相仿的概念应用于非齐性的关系是不大有用的;因此在定义相仿时,我们只讨论有关系域的关系,不相干的关系可以弃置不论,以简化我们的问题。这稍微限制了我们的定义的普遍性,但这种限制没有什么实际的重要性。这一点既经申明,以后不再提及。现在我们可以定义两个关系 P 和 Q"相似",或者有"相仿关系"如下:如果有一个一对一的关系 S,它的前域是 P 的关系域,后域是 Q 的关系域,并且若一项对另一项有 P 关系,则此项的对应者与另一项的对应者有 Q 关系,反之,若一项对另一项有 Q 关系,则此项的对应者与另一项的对应者有 P 关系。右边的图可以使这一点更为清晰。设

x,y 为有 P 关系的二项。如是则
有二项 z,w，使得 x 对 z 有 S 关
系，y 对 w 有 S 关系，并且 z 对 w
有 Q 关系。如果对于每一对象 x
和 y 的项，便发生图中的情形，又
如对于每一对象 z 和 w 的项，便

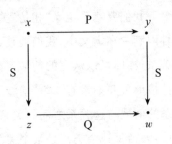

发生图中逆转的情形，那么，显然对于每一个 P 关系成立的例子，
便有一个 Q 关系成立的对应的例子，反之，对于每一个 Q 关系成
立的例子，便有一个 P 关系成立的对应的例子；这就是我们希望
由定义而得到的情形。在上面定义的草案中有些重复累赘之处可
以删去，我们只要注意当以上的情形出现时，关系 P 即是 S 和 Q
以及 S 的逆关系三者的关系积；也就是，如经 P-步可从 x 到 y，则
先从 x 经 S-步到 z，继之由 z 又经 Q 步到 w，然后从 w 退回 S-
步亦可到 y，前一步骤可以为后面三步骤所代替。是以我们可以
建立如下的定义：

　　如果有 P，Q 二关系及一个一对一的关系 S，又 S 的后域即 Q
的关系域，并且 P 是 S 和 Q 以及 S 的逆关系三者的关系积，则称 S
为 P 与 Q 的一个"关联者"（correlator）或者一个"序的关联者"
（ordinal correlator）。

　　如 P 与 Q 二关系至少有一个关联者，则称关系 P 与 Q"相似"
或有"相仿关系"。

　　从以上两定义可知我们在前面判定为必需的条件它们确都具
有。

　　当两关系相似时，凡不与它们的关系域中实际各项有关的性

质,它们都共同具有。例如,一关系是示异的,另一关系也必是示异的,一关系是传递的,另一关系也必是传递的,一关系是连通的,另一关系也必是连通的。因此,如果一关系是序列的,另一关系也是序列的。又如一关系是一对多的或一对一的,另一关系也是一 [55] 对多的或一对一的;如是类推,以至关系的一切普遍的性质。并且即使有一些语句是涉及一关系的关系域中实际各项的,这些语句应用于此关系的相似关系时可能不真,然而它们也常可翻译成类似的语句。这种讨论可能将我们引导到一个问题,这问题在数理哲学中很重要,然而至今不曾得到足够的认识。现在,问题可以叙述如下:

设有一个语言,我们知道它的语法和句法,但不知道它的词汇,然则在这语言中一个语句的可能的意义是什么,我们所不知的却使这语句真的一些词的意义又是什么?

这问题之所以重要,理由在于它比我们所能设想的更切近地表示出我们对于自然的知识的状况。我们知道某些科学的命题——在最先进的科学中,它们是用数学符号表示出来的——对于这世界而言或多或少是真的,至于加在这些命题中的词项上的解释,我们却很茫然。关于自然的**形式**我们所知道的远比关于自然的**质料**知道的为多(我们姑且采用**形式,质料**这一对旧名词)。因此,当我们阐明一条自然律时,我们真正知道的只是:我们的词项或许可有**某一个**解释使这定律接近于真。因而下面的问题非常重要:假若一个定律是以我们不知道其实质意义,仅知道其语法和句法的词项所表示出来的,那么这定律的可能的意义是什么? 这个问题正是上面提出的问题。

现在我们暂置这个普遍问题不论，在一个稍后的阶段再来探讨；我们要回到相仿关系这个主题，作进一步的研究。

我们已经知道，当两关系相似时，除了依附于两个关系域的各项的性质而外，这两关系的性质是相同的，由于这个事实，我们可以希望有一个专门名词给所有与一给定关系相似的关系一个总

56 称。正如我们称相似于一给定类的那些类的集合为该类的"数"，所以我们也可以称所有相似于一给定关系的那些关系的集合为该关系的"数"。但是为了避免与适用于类的数混淆起见，在这种关系相似的情形下，我们将称之为一个"关系数"。于是，我们有下面的定义：

一给定关系的"关系数"是所有与这给定关系相似的关系的类。

至于一般的"关系数"，是所有那些关系的类的集合，而这些关系类乃是各种不同的关系的关系数；或者同样的，一个关系数是一个关系的类，由所有与这类的一分子相似的关系所组成。

当必须分别类的数，使它们不致和关系数相混淆时，我们将称它们为**基数**（cardinal number）。因而，基数是适用于类的数。它们包括日常生活中的普通整数，也包括某些无穷数，这些无穷数，我们以后将要谈到。如不致引起误会，此后我们说到"数"而不加限制时，要知道我们所指的乃是**基数**。我们须记住一个基数的定义是：

一给定类的"基数"是所有与这给定类相似的类的集合。

关系数最显著的应用是用于**序列**。当两个关系有相同的关系数时，它们可以看作是同样的长。两个**有穷**序列有相同的关系数，

当且仅当它们的关系域有相同的基数（相同的项的基数），——譬如，15 项的一个序列和任何其他有 15 项的序列有相同的关系数，而不和一个 14 项或 16 项的序列有相同的关系数，自然，也不和不是序列的关系有相同的关系数。因此在有穷序列的十分特殊的情形下，基数与关系数之间有一种平行关系。适用于序列的关系数可以称作"序列数"（serial number）（通常所谓"序数"〔ordinal number〕乃是序列数的子类〔sub-class〕）。因之当我们知道一有穷序列的关系域中项的基数时，它的序列数也可以确定。如果 n 是一个有穷基数，一个 n 项序列的关系数即为"序数"n（此外也有无穷的序数，但我们将在较后的章节中讨论）。当一序列的关系域中项的基数是无穷时，这序列的关系数不只由基数来确定，确实对于一个无穷基数存在着无穷多的关系数，临到讨论无穷序列时我们就可以见到。如果一个序列是无穷的，它的"长度"，也就是关系数，可以改变，而基数方面没有任何变化，但若一个序列是有穷的，这种情形不会发生。

我们可以定义关系数的加法和乘法如同定义基数的加法和乘法一样，并且可以发展出一个完整的关系数的算术。通过研究序列的情形，可以很容易地看出完成这件工作的方法。例如，假若我们希望定义二不相交序列之和，使二序列之和的关系数能以二序列的关系数之和来定义。首先，二序列显然含有一个**序**，其中一个必是在另一个之前。如果 P 和 Q 是产生这两序列的关系，将 P 置于 Q 前，在二者之和的序列中，P 的关系域中每一分子都在 Q 的关系域中每一分子之前。这样，我们要定义为 P 与 Q 之和的序列关系不是简单地"P 或 Q"，而是"P 或 Q 或 P 的关系域中任一分子对于 Q 的关系域中任一分子的关系"。假定 P 和 Q 不相交,这个关系是序列的,但是"P 或 Q"由于不是连通的不是序列关系,因为在 P 的关系域中任一分子与 Q 的关系域中任一分子间没有序列关系,以上定义的 P 与 Q 之和才是我们所需要的,为了定义二关系数之和所需要的。为定义乘积与乘方也需要类似的变更或限制。这样所得到的算术不服从交换律,二关系数之和或积一般地依赖于它们的先后次序。可是这个算术服从结合律和一种形式的分配律以及两个乘方定律,这些定律都不仅适用于序列数,并且一般地适用于关系数。关系算术虽然最近才发展,事实上却是数学中非常值得重视的一个分支。

我们不要仅仅因为序列对于相仿概念有很显著的应用,便以为它没有其他重要的用途。我们已经提到过地图,从这个例子我们可以把我们的想法更一般地推广到几何学。如果有适用于项的某个集合的一个关系系统(因之而有适用于项的某个集合的几何学)与适用于项的另一个集合的系统完全相仿,那么这两个集合的几何学从数学的观点看没有分别,也就是,除了在一个情形下适用于项的一个集合,在另一个情形下适用于项的另一集合这一点而外,两个几何学中所有的命题都是相同的。我们在第四章中所讨论的"在……之间"关系可以说明这一点。在第四章中我们已经见到,如果有一个三项关系有某种形式的、逻辑的性质,它就产生序列,并且可以称之为"在……之间关系",给定任意二点,我们可以用在……之间关系来定义为这二点所决定的直线;它包含 a, b 和所有的点 x,使得在……之间关系在 a, b,及 x 三点间依某种次序成立。韦布伦(O. Veblen)曾经证明:我们的整个空间可以看作是一

个三项的在……之间关系的关系域；并且以属于我们的在……之间
关系的性质来定义我们的几何学①。三项关系间的相似关系和二项 59
关系之间的相似关系一样容易定义。如果 B 和 B′是两个在……之
间关系，"xB(y, z)"的意思是"对于 B 而言，x 在 y 和 z 之间"。设
有一个一对一的关系 S，以 B 的关系域为前域，B′的关系域为后域，
又关系 B 在三项间成立当且仅当 B′在这三项的 S 对应者间成立。
则称 S 为 B 与 B′的一个关联者。当 B 和 B′至少有一个关联者时，
即称 B 和 B′相仿。读者不难了解，如 B 和 B′是在这种意义上相仿，
在由 B 产生的几何学与由 B′产生的几何学之间不会有什么区别。

　　因之，数学家，即使是一个研究应用数学的数学家，都无需涉及
他的点，线，面的特殊本质或内在性质。我们可以说，几何学中与定
义无关的那些部分之所以接近于真理，是有经验的根据。至于"点"
是什么，却没有经验的根据。它必须是某种东西尽可能近似地满足
我们的公理，但它不必是"十分小的"或者"没有部分"。只要它满足
公理，是否很小，或是否没有部分，是无关紧要的。假若我们能从经
验的材料中构造出一个逻辑的结构满足我们的几何公理，无论如何
复杂，这个结构仍可以合法地称为是一个"点"。我们不可以说此外
别无其他的东西可以合法地称为是一个"点"。我们只可以说："我
们构造出来的这个对象是满足几何学家的条件的；它可能不过是
满足几何学家的条件的许多对象中的一个，但是这对于我们是不
相干的，因为就几何学与定义无关的部分而论，这个对象足够保证

----

　　①　三项之间关系不适用于椭圆空间，而仅适用于其中的直线是开序列的空间。见
Modern Mathematics，edited by J. W. A. Young pp. 3—51（monograph by O. Veblen"The
Foundations of Geometry"）。

几何学的经验的真实性。"以上不过说明一个普遍的原则,在数学中,甚至在很大的程度上在物理科学中,重要的不是我们所研究的各项的内在性质,而是它们相互间的关系的逻辑性质。

60　　　我们可以说两个相似的关系有相同的"结构"。为了数学的目的(虽则不是为了纯粹哲学的目的)关于关系唯一重要的事是:它在何种情况下成立,而不是关系的内在性质。正如一个类可以由各种不同然而外延相同的概念来定义一样——例如,"人"和"无羽毛的两足动物"——两个从概念上说不同的关系可能在相同的一类实例中成立。所谓一个关系在其中成立的"实例"应设想为有先后次序的一对项,其中一项在先,另一项在后;自然,这一对应是第一个项对于第二个项有我们所讨论的关系。举"父亲"关系为例:所谓这关系的"外延"我们可以定义为一切有序的对子 (x, y) 的类,而在这样的对子中 x 是 y 的父亲。从数学的观点看,关于父亲关系唯一重要的是这关系确定了有序的对子的一个集合,确定了外延。一般地说:

一关系的"外延"乃是一个有序的对子 (x, y) 的类,在对子中 x 对 y 有所说的关系。

现在我们可以在抽象的程序方面更进一步而讨论"结构"的意义是什么。给定任一关系,假若它是足够简单的,我们可以构造一个它的图像。为了明确起见,让我们取一关系作例,它的外延是下面的对子: ab , ac , ad , bc , ce , dc , de 此处 a , b , c , d , e 为任意的五项。我们可以作这个关系的一个图像,在平面上先取五点,然后用箭头把它们连接起来,如上图。这图所显示的就是我们所谓的这关系的"结构"。

　　显然,关系的结构并不依赖于构成这关系的关系域的那些特殊的项。关系域可以改变,而结构并不改变,同样,结构可以改变而关系域并不改变——例如,如果我们在以上的例子中加上对子 ae,我们改变了结构,但没有改变关系域。对于两个关系设若可以构造一个相同的图像,——或者二关系中,其一为另一个的图像 61 (因为每一个关系可以是它自己的图像),我们就说这两关系有相同的"结构"。我们稍一回顾,可以知道这就是我们所谓的"相仿"关系。这也就是说,当二关系有相仿关系时,或说,当它们有相同的关系数时,它们有相同的结构。因而我们曾经定义过的"关系数"即是我们以"结构"一词所模糊地表示的同一件东西。——"结构"一词虽是重要的,然而用它的人从未(据我们所知)以精确的概念定义过。

　　假若我们认识了结构的重要性,以及解决传统哲学中思辨问题的困难,传统哲学中大部分思辨问题都得以避免。例如,通常都说空间和时间是主观的,不过它们都有客观的复本;或者说,各种现象是主观的,它们的原因在物自身(things in themselves),如物自身引起现象间许多差异,则物自身之中必也有些差异对应于这些差异。凡作这些假定的学说,一般都认为我们对于客观的复本所能知道的极少。然而事实上,如果我们所陈述的这些假定是对的,客观的复本必形成一个世界,有与现象界相同的结构,并且凡可以用抽象的概念陈述出来,又已知对于各种现象为真的命题,客观的复本允许我们从现象推论出它们的真实性。假如现象界有三维,现象之后的世界必也是三维;如果现象界是适合于欧几里得几何学的,现象界之后的世界必也适合;如此类推。总之,每一个意

义可以交通的命题必定是对于两个世界都真或者都不真:唯一的
差别恰恰是在于那个个体性的本质总是难以名状的,而正是因此,
它跟科学无关。而那些哲学家在诋毁现象时,心目中唯一的目的
在为了说服自己和他人:真实世界和现象世界是大不相同的。他
们想证明这样一个命题,我们十分同情他们的愿望,但是他们的成
就我们却不敢恭维,诚然有些哲学家并不断定相对于现象另有一
个客观的复本,这些哲学家自然避免了以上的论证。而断定这么
一个复本的哲学家一般地对于这个问题异常缄默,或许因为他们
本能地感觉到,如果追究下去,将要使真实界与现象界十分**接近**。
如果他们探究这个题目,他们几乎不能避免我们以上提示的结论。
在这些方面,也在其他方面,结构的概念或关系数的概念是很重要
的。

第七章 有理数、实数和复数

我们已经知道如何定义基数和关系数，通常所谓的序数乃是一种特殊的关系数。这两种数既可以是有穷的，也可以是无穷的。但是按照实际情况来说，这两种数都不可能推广到我们比较熟悉的数的概念，即推广到负数、分数、无理数和复数。本章中我们将简短地提出这各种推广的逻辑定义。

在数的推广这一方面，使正确的定义迟迟才发现的错误之一是：普通的观念总以为数的每次推广都包含原来的数作为一种特殊的情形。在讨论正负整数时，通常认为：正整数可能即是原来没有符号的整数。并且认为分母是1的分数可能就和分数的分子相等。又无理数，如2的平方根，通常也假定和有理分数排在一起，它大于一些有理分数，同时小于其他有理分数，这样，有理数和无理数可以合成一类，即所谓"实数"。当数的概念更向前推广，至于包括"复数"，即含－1的平方根的数时，普通又以为实数可以看作是虚数部分（也就是为－1的平方根的倍数的那一部分）为零的复数。所有这些假定都是错误的，并且我们就要知道，如果有了正确的定义，所有这些假定都必须抛弃。

让我们从正负整数开始。稍加思索，我们便知＋1与－1显然必定都是关系，并且事实上必是互为逆关系。明显而又充分的定义是：+1 是 $n+1$ 对于 n 的关系，-1 是 n 对于 $n+1$ 的关系。一般地，如 m 是任何归纳数，对于任何 n 而言，$+m$ 是 $n+m$ 对于 n 的关系，$-m$ 是 n 对于 $n+m$ 的关系。依据这个定义，只要 n 是一个基数（有穷的或者无穷的）并且 m 是一个归纳基数，$+m$ 是一个一对一的关系。但是 $+m$ 无论如何不能等同于 m，因为 m 不是一个关系，而是许多类的一个类。实在，$+m$ 从任何一点看都和 m 不同，正如 $-m$ 和 m 不同一样。

　　分数较之正负整数更有趣。为了许多种需要，最明显的或许是为了测量的需要，我们要有分数。我的朋友及合作者怀特黑博士（Dr. A. N. Whitehead）曾经发展了一个分数的理论，特别适合应用于测量，这个理论陈述在《数学原理》（*Principia Mathematica*）一书中①，但是如果全部需要是定义的对象具有所要求的纯数学性质，我们可用较简单的方法达到这个目的，这个方法我们在此处即将采用。我们将定义 m/n 为，当 $xn=ym$ 时，二归纳数 x, y 之间的一个关系。假定 m, n 俱不为零，这个定义能够使我们证明，m/n 是一个一对一的关系。至于 n/m 乃是 m/n 的逆关系。

　　从以上的定义，我们了解分数 $m/1$ 乃是二整数 x, y 在 $x=my$ 情形下所有的关系。这个关系如同关系 $+m$ 一样绝不能和归纳基数 m 等同，因为关系和一个类的类是全然不同的两个东西②。我们又可以看出，无论 n 为什么归纳数，$0/n$ 总是同一个关系，简言之，就是 0 与其他的任何归纳基数之间的关系。我们可

---

　　①　vol. iii. * 300ff. 特别是 303。
　　②　自然，在实用上，譬如一个分数大于或小于分数 1/1，我们仍然会说是大于或小于 1。只要我们了解分数 1/1 和基数 1 并不相同，固不必常常拘泥于这个区别。

以称之为有理数的零；自然，它不等同于基数 0。反之，不论 m 为什么归纳数，$m/0$ 也总是同一的。没有任何归纳基数对应于 $m/0$，我们可以称之为"有理数的无穷"。它是数学中惯见的无穷数的一例，通常以"∞"表示。它是和真正的康托的无穷数（Cantorian infinite）全然不同的一种无穷，关于康托的无穷我们将在下章中讨论。有理数的无穷，就其定义或用途而言，不要求任何无穷的类或无穷整数。事实上，有理数的无穷不是一个很重要的概念，假若有任何理由，我们简直可以废除不用。反之，康托的无穷数却十分重要，极其基本；对它的了解开辟了一条道路，通到全新的数学和哲学的领域。

从以上我们可以看出：在分数中只有零和无穷不是一对一的关系。零是一对多的，无穷是多对一的。

定义出分数间的**大于**或**小于**关系并不困难。给定二分数 m/n 和 p/q，假若 mq 小于 pn，我们即说 m/n 小于 p/q。不难证明，这样定义的小于关系是序列的，因而分数形成一个以大小为序的序列。在这序列中，零是最小的一项。无穷是最大的一项。如果我们从序列中除去零和无穷，就不再有最小的或最大的分数；如 m/n 是零和无穷以外的任一分数，显然我们有不是零也不是无穷的 $m/2n$ 和 $2m/n$；其中 $m/2n$ 较 m/n 更小，而 $2m/n$ 较 m/n 更大，因而 m/n 不是最小的也不是最大的分数，既然 m/n 是任意选定的分数，所以我们得出结论：当 0 和无穷除去后，分数的序列中既无最小的分数，也无最大的分数。同样，我们还可以证明，不论两个分数如何接近，在它们之间总有别的分数。因若令 m/n，p/q 为二个分数，p/q 大于 m/n。显而易见，$(m+p)/(n+q)$ 大于 m/n 并且小于 p/q（证明也是同样的明显而容易）。因此

66

在分数的序列中没有两项是相连的,在任何两项之间总有其他的项。而因在其他的一些项中间又有一些别的项,如此类推以至无穷,所以任何两个分数,无论它们如何接近,在它们之间显然有无穷多的分数①。在任何两项间总有其他的一些项,因而没有两项是相连的,具有这样性质的序列称为"紧致的"(compact)。所以依大小次序排列的分数形成一个"紧致的"序列。这样的序列具有许多重要的性质,我们须注意:分数是不借助于空间,时间或其他的任何经验材料,纯粹由逻辑而产生的紧致序列之一例,注意到这一点是很重要的。

正负分数可以用类似于我们定义正负整数的方法而定义。在首先定义出两个分数 m/n 与 p/q 之和为 $(mq + pn)/nq$ 以后,我们定义 $+p/q$ 为 $m/n + p/q$ 对于 m/n 的关系,此处 m/n 为任何分数;至于 $-p/q$,自然是 $+p/q$ 的逆关系。以上定义正负分数的方法并不是唯一可能的方法,不过为了与我们在整数的情形下所采用的方法有一个显著的适应起见,自以这个方法为方便。

现在我们来研究数的概念的一个更有趣的推广,亦即推广到所谓"实数"。实数除有理数外,也包含无理数。在第一章中我们曾经提到过"不可通约数",以及它们为毕达哥拉斯所发现。就是由于不可通约数,即由于几何数,无理数第一次为人所考虑。边长一寸的正方形,它的对角线的长度是 2 寸的平方根。然而如古人所已发现的,没有一个分数,它的平方是 2。这个命题的证明载于

① 严格说来,这个叙述以及本章末的一些叙述都隐含着"无穷公理",关于这个公理,我们以后将要讨论。

欧几里得的《几何原本》第十卷，这本书以前用作教科书，一些学童们曾经猜想有数卷幸运地已被遗失，第十卷即是其中之一。至于命题的证明非常简单。假若 2 的平方根确是一分数，令这分数为 m/n，因之 $m^2/n^2 = 2$，亦即，$m^2 = 2n^2$。如此，m^2 为一偶数，而因奇数的平方是奇数，所以 m 也必是一偶数。现在如 m 是偶数，m^2 必可被 4 整除，因若 $m = 2p$，则 $m^2 = 4p^2$。这样我们就有 $4p^2 = 2n^2$，其中 p 为 m 的二分之一。因此 $2p^2 = n^2$，n/p 也是 2 的平方根。于是，我们可以重复这个论证：若 $n = 2q$，p/q 也是 2 的平方根，如此继续，通过一个无尽的数的序列，其中每一数为其前趋的一半。但是这是不可能的，因若我们以 2 除一数，然后再以 2 除，一直下去，在一个有穷的步骤以后，我们必定得到一个奇数。或者我们可以将以上的论证更化简，假定我们着手的 m/n 是已约为最简的分数，在这样的情形下，m 和 n 不能俱为偶数；但是我们已知若 $m^2/n^2 = 2$，m 和 n 必定都是偶数，得出的结果和假设矛盾，是以不可能有任何分数 m/n，它的平方是 2。

　　因此没有分数能够准确地表示边长一寸的正方形的对角线的长度，这似乎是自然向算术挑战。虽然数学家（如毕达哥拉斯）可以夸张数的力量，自然却似乎能以不可由单位来衡量的长度而使他受困。这问题不仅限于这种几何形式。一旦代数发明以后，在解方程式中这问题也立即出现。不过在代数中，因为还牵涉复数，所以问题采取更为广泛的形式。

　　很明显，我们可以找到一些分数，它们的平方是愈趋愈近地接近于 2。我们可以构成一个递增的分数序列，所有这些分数的平方都小于 2，而较后的一些分数和 2 的差又小于任何给定的数。

也就是说,假若我们预先给定某一个很小的数,譬如一万亿分之一,在序列中我们可以找到某一项,譬如第十项,在这一项后所有各项,它们的平方与 2 之差都小于给定的数。如果给定一个更小的数,我们须沿着序列更向前进,然而在这序列中我们迟早总可达到一项,譬如说第二十项,在这一项后所有各项,它们的平方与 2 之差小于已经给定的更小的数。假若我们用普通的算术法则,求 2 的平方根,那么我们将得到一个无尽的小数,求到若干位以后,它和 2 之差,恰合上面的情况。同样我们也可构成一个递减的分数序列,所有这些分数的平方都大于 2,在序列向后的各项中,它们的平方与 2 之差越来越小,迟早会小于任何给定的数。在这样的情形下,我们似乎是在 2 的平方根附近布下一道防线,说它能永远逃出我们的布防,似乎是不可相信的事。然而用这种方法,我们确实将得不到 2 的平方根。

如果我们将**所有的**分数按照它们的平方是否小于 2 而分为两类,我们将发现那些平方不小于 2 的分数就是平方大于 2 的分数。在平方小于 2 的分数中没有极大(maximum),在平方大于 2 的分数中没有极小(minimum)。平方略小于 2 的分数与平方略大于 2 的分数,它们之差,除零而外没有下极限。总之,我们可以将所有的分数分成两类,使得一类中每一项都小于另一类中的每一项,在一类中没有极大,另一类中没有极小。在这两类之间,应该是 $\sqrt{2}$ 的地方,却没有任何东西。所以我们虽是将防线布置得尽可能地严密,可是布错了位置,扑了一个空,没有将 $\sqrt{2}$ 捕获。

将一序列中所有各项分为二类,使其中一类的各项全先于另一类的各项,如上面所使用的方法由于戴德铿(Dedekind)的研究而著名①,所以名为"戴氏分割"(Dedekind's cut)。关于分割点有四种可能的情形发生:(1)在下部(按:即由分割所得二类中较小的一类)中有一极大,在上部(按:即较大的一类)中有一极小,(2)在下部中有一极大,而在上部中无极小,(3)在下部中无极大,而在上部中有极小,(4)在下部中既无极大,在上部中也无极小。四种情形中,第一种可以用有相连的项的序列作为说明:例如在整数的序列中,下部必以某一数 n 作为终结,并且上部必以 $n+1$ 作为开始。第二种情形可以分数的序列作为说明,假使我们取到 1 为止并且包括 1 在内的一切分数作为下部,则上部即是所有大于 1 的分数。第三种情形的解释类似于第二种情形,假使我们取所有小于 1 的分数作为下部,上部即是从 1 以上(包括 1 自己在内)的一切分数。第四种情形如我们已经见到的,如我们取平方小于 2 的所有分数作为下部,平方大于 2 的所有分数作为上部,这种分割即可作为说明。

第一种情形因为只在有相连的项的情形下才发生,我们可以略而不论。在第二种情形中,我们称下部的极大即上部的下极限,或者是上部中任意取出一些项的集合的下极限(lower limit),只要在上部中没有一项是先于这一项集中的所有各项。在第三种情形中,我们称上部的极小即下部的上极限(upper limit)或者是下部中任意取出的一个项集的上极限,只要在下部中没有一项是后于这一项集中的所有各项。在第四种情形中,我们说有一"空隙": 70

① 《连续性和无理数》(*Stetigkeit und irrationale* Zahlen),2nd edition,不伦瑞克,1892,按:此文有英译,载戴德铿文集:《论数》(Dedekind:*Essays On Number*)一书中,为 Prof. Wooster Woodruff Beman 所译。

上部和下部都没有一个极限或末项。我们也可以说在这样的情形中我们有一个"无理分割",因为分数序列的分割有一些"空隙",这些空隙即对应于无理数。

真正的无理数理论发现很迟的原因在于一个错误的信念,就是以为分数的序列必定总有"极限"(limit),"极限"的概念非常重要,在继续讨论以前,最好先作"极限"的定义:

设有一项 x,一类 α 及一关系 P,如(1)对于 P 而言,α 没有极大,(2)α 的每一属于 P 的关系域的分子都先于 x,(3)P 的关系域中先于 x 的每一分子先于 α 的某一分子(所谓"先于"意即"对于其他东西有 P 关系"),合乎这三个条件,即称 x 为对于 P 而言的类 α 的"上极限"。

在以上定义中假定了"极大"概念,现在再定义极大概念如下:

设有一项 x,一类 α 及一关系 P,如 x 为 α 的一分子,并且属于 P 的关系域,又 x 对于 α 中其他任何分子均无 P 关系,则称 x 为对于 P 而言的 α 的"极大"。

这两定义并不仅适用于量。譬如,给定时间的瞬间的一个序列,依先后次序而排列,它们的"极大"(如果有的话)即是最后一瞬间,但若这序列依后先次序而排列,它们的极大(也如果有的话)即是最先一瞬间。

对于 P 而言一类的极小乃是对于 P 的逆关系而言该类的极大;对于 P 而言一类的"下极限"乃是对于 P 的逆关系而言,该类的上极限。

极限与极大的概念本质上并不要求只是对于序列的关系才能定义,但是除序列关系及类似序列的关系而外,其他的关系极少重要的应用。"上极限或极大"的概念常是很重要的概念，我们简称之为"上边界"（upper boundary），因而，在一序列中，任取一些项的集合，如若它有末项，它的上边界即是它的末项，如若它没有末项，但若在它所有各项之后仍有一些项，它的上边界即是这些项的首项。如若一项集既没有一个极大也没有一个上极限，那么也没有上边界。至于"下边界"即是下极限或极小。

71

现在我们重新回到戴氏分割的四种情形，我们知道在前三种情形中，每一个分割有一个边界（不管是上边界或下边界），而第四种情形却没有一个边界。我们也知道，无论何时下部有一上边界时，上部即有一下边界。在第二种或第三种情形中，上边界和下边界等同；在第一种情形中，它们是序列的相连的项。

如一个序列的每一个分割都有一个边界，无论是上边界还是下边界；则此序列称为"戴氏的"序列。

我们已经知道以大小为序的分数序列不是戴氏的序列。

我们对于空间的想象使我们形成一个习惯，由于这个习惯人们于是以为序列必有极限，若是没有，似乎是个很奇怪的事。因之，既看出了平方小于 2 的分数中没有一个**有理数**的极限，他们便姑自"假设"一个**无理数**的极限，以它来填补戴氏"空隙"。在上面已经提到的书中，戴氏建立了一个公理，空隙必须永远填补起来，也就是，每一个分割必须有一个边界。就是为了这个原因，凡是适合他的公理的序列便叫做"戴氏的"序列。可是不适合这公理的序列也有无穷多个。

将我们所需要的"假设"为公理，这个方法有许多方便，就像以盗窃的手段获得他人的血汗所得一样，常是代价少而得利多。可是让他人来利用这种方便,我们要继续我们老实而辛勤的工作。

　　一个无理的戴氏分割显然在某种情形下代表一个无理数。为了利用这一点,使我们着手的不再是一个模糊的意识,我们必须觅得某个方法,从这一点引出一个精确的定义;而为了这样做,我们又必须先从我们的心目中破除一个谬见,就是以为一个无理数必是一个分数集合的极限。正如以 1 为分母的分数不等同于整数,所以大于或小于无理数的有理数或以无理数作为其极限的有理数也必定不等于分数。因此,我们不得不定义一类新数,即所谓"实数",在实数中有些是有理数,有些是无理数。有理数"对应"于分数,正如分数 $n/1$ 对应于整数 n 一样,然而它们并不就是分数。为了判定实数究竟是什么,我们注意:一个无理分割代表一个无理数,一个分割的下部代表一个分割。让我们限制于下部没有极大的分割,在这种情形下我们称下部为一"节"(segment)。我们说对应于分数的节由小于其对应的分数的所有分数所组成,其所对应的分数即是节的边界,而代表无理数的那些节没有边界。无论有边界无边界,属于同一序列的任何两节,必是一节为另一节的部分,所以,所有各节全可按全体对部分的关系排成一个序列。有戴氏空隙的序列,或者说,其中有些节没有边界的序列,它所产生的节比它所有的项还多,因为每一项确定一以此项为边界的节,至于没有边界的各节却无一项与之对应。

　　现在我们能够定义一个实数和一个无理数。

　　一个"实数"即是以大小为序的分数序列中之一节。

一个"无理数"即是以大小为序的分数序列中无边界的一节。

一个"有理实数"即是以大小为序的分数序列中有边界的一节。

因之一个有理实数即是较某一分数小的所有分数所组成，而此有理实数即对应于该分数。譬如实数 1 即是真分数所组成的类。

以前我们很自然地假设：一个无理数必是一个分数集合的极限，其实是：一个无理数乃是在依全体与部分关系排列的节的序列中对应的有理实数集合的极限，例如 $\sqrt{2}$ 是对应于所有平方小于 2 的分数的那些分数序列的节的上极限。或者更简单地说，$\sqrt{2}$ 乃是所有平方小于 2 的分数**所形成**的节。

任何序列的节所形成的序列是戴氏的序列，这是很容易证明的。因为，给定任意节的集合，它们的边界是这许多节的逻辑和，亦即，至少属于这个集合中的一节①的所有那些项形成的类。

以上实数的定义为"构造法"的一例。"构造法"与"假设法"正相反，前面基数的定义也是"构造法"的一例。这个方法虽不需新的假设，却使我们从原先已有的逻辑工具继续推演，这是它很大的优点。

像上面所定义的实数，它们的加法和乘法也并不难定义。给

①　关于节和戴氏关系的详细讨论见 PM vol. ii. ＊210—214。关于实数的详细讨论见同书 vol. iii. ＊310 ff. 及《数学原则》第三十三章及第三十四章。

定二实数 μ 及 ν，每一实数均为一个分数的类，按照分数的加法，在 μ 及 ν 中各任取一分子相加。由于变换 μ 及 ν 中所取出的分子，于是得到许多这样的和，所有这些和形成一类。这一类即是由分数所组成的一个新类，我们不难证明这个新类是分数序列的一个节，我们即以此定义为 μ 及 ν 之和。这定义可以简化，现在叙述如下：

有二实数，每一实数是一类，在一类中取出一分子，在另一类中也取出一分子，所有可能选择出来的分子的算术和所形成的类就是**二实数的算术和**。

74   定义二实数的算术积，我们可以用一种完全相同的方法，以一类中一分子与另一类中一分子相乘，各种可能的乘积形成的一个分数类就定义为二实数的算术积。（所有这些定义中的分数序列是确定的，0 及无穷均除外。）

将我们这些定义推广到正负实数以及它们的加法与乘法并不困难。

现在剩下的是作出复数的定义。

复数虽然能有一个几何的解释，却并不和无理数一样为几何学所迫切需要，一个复数即是一数包含了一个负数的平方根，不管这负数是整数，分数或实数。因为一个负数的平方是正数，是以平方为负数的数必是一种新数，我们用字母 i 代表 -1 的平方根，包含一个负数的平方根的任何数可以表示成 $x + yi$ 这种形式，其中 x 和 y 均为实数。yi 部分称为此数的虚数部分，而 x 为此数的实数部分。（我们所以用"实数"这一名词就是因为它们与"虚数"相对。）复数已经为数学家所习惯，用了一个很长的时期，尽管没有精确的定义。通常简单地假定，它们服从普通的算术法则，根据这种假设，它们的使用确是很便利。它们为几何学所需要，不如为代数和分析那么需要。例如，我们希望能说每一个二次方程式有两个根，每一个三次方程式有三个根，等等。但如我们仅限于实数，那么像 $x^2+1=0$ 这样的方程式就没有根，像 $x^3-1=0$ 这样的方程式只有一个根。数的每一次推广，它们的第一次出现，都是应某一个简单问题的需要。为使减法永远可能，需要负数，因如不然，如 a 小于 b，则 $a-b$ 即无意义；为使除法永远可能，需要分数；为使开方及解方程式永远可能，需要复数。但是数的推广并不仅是为这些需要而创造出来的，却是由定义创造出来的，因此现在我们必须把我们的注意转向复数的定义。

　　一个复数可以简单地看成并且定义成有先后次序的一对实数。此处也和别处一样，许多定义都是可能的，只是需要所采取的定义具有某些性质。在复数的情形下，如果它们定义成有先后次序的一对实数，我们立即得到复数应有的某种性质，也就是：需有两个实数来决定一个复数，并且在这两个实数间我们可以分别出第一个和第二个来，并且只有在一复数所包含的第一个实数与另一复数所包含的第一个实数相等，以及第二个实数与第二个实数相等时二复数才相等。定义出加法和乘法的法则，我们还可得到复数所需要的其他性质。我们要有

$$(x+yi)+(x'+y'i)=(x+x')+(y+y')i,$$
$$(x+yi)(x'+y'i)=(xx'-yy')+(xy'+x'y)i。$$

因之，给定有先后次序的两对实数 (x,y) 和 (x',y')，我们定义它们的和为 $(x+x',y+y')$ 一对实数，它们的积为 $(xx'-yy',$

$xy' + x'y$）一对实数。根据以上的定义，我们保证这些有先后次序的对子将具有我们所希望的性质。例如，取（0，y）和（0，y'）二对的积而论，依据上面的法则，这积即是（－yy'，0）。因而对子（0，1）的平方是对子（－1，0）。第二项是零的对子，按照我们的术语来说，就是它们的虚数部分为零；用 $x + yi$ 的符号表示，它们就是 $x + 0i$，通常就简写为 x。正如我们自然而然地（然而是错误地）使整数等同于分母是1的分数，我们也自然而然地（然而也是错误地）使实数等同于虚数部分为零的复数。虽然这在理论上是一个错误，在实用上却是一个方便；"$x + 0i$"可以简单地代以"x"，"$0 + yi$"可以简单地代以"yi"，只要我们记住"x"实在并不是一个实数，而是复数的一个特例。至于 y 是1时，"yi"自然可代以"i"。因而对子（0，1）被代以 i，而对子（－1，0）被代以 －1。现在依据我们的乘法法则（0，1）的平方等于（－1，0），也就是，i 的平方等于 －1，这是我们所希望得到的。是以我们这些定义能应一切需要。

在平面几何学中给复数一个几何的解释是很容易的事，这个问题克利福德（W. K. Clifford）在他的一本书（*Common Sense of the Exact Sciences*）中已经令人满意地解释过。这本书有很大价值，不过是写于人们认识纯逻辑定义的重要性以前。

高阶的复数虽较我们已经定义出的复数较少用途，较不重要，却是在几何学中有某些重要的用途，例如，在怀特黑博士的书《泛代数》（*Universal Algebra*）中可以见到。n 阶复数的定义可以由我们已经作出的定义作明显的推广得到。我们定义一个 n 阶复数为一个一对多的关系，其前域包含某些实数，其后域包含从1

到 n 的整数①。普通即以符号$(x_1,x_2,x_3,\cdots,x_n)$来表示，其中下标指一项与用作下标的整数间的对应，这对应是一对多的，不必是一对一的，因为 x_r 与 x_s 可以相等而 r 与 s 不等。以上的定义以及一个适当的乘法法则可以适应高阶复数的一切需要。

　　现在我们已经完成对于数的推广的回顾，而没有涉及无穷。数应用于无穷集合是我们的下一个论题。

---

① 　参考《数学原则》§360，p.379。

第八章　无穷基数

在第二章中我们所作的基数的定义,在第三章中曾应用于有穷数,即普通的自然数。这些有穷数我们称之为"归纳数",因为我们给它们所下的定义就是:服从从 0 起的数学归纳法的一些数。但是对于那些项数不是归纳数的集合我们还不曾讨论,是否这样的集合能够说有一个数,这问题我们也不曾加以研究。这是个古老的问题,在我们这个时代才被解决,主要得归功于康托(Georg Cantor)。将康托的发现和弗芮格关于数的逻辑理论结合起来,我们得出一个超穷基数或无穷基数(transfinite or infinite cardinal number)的理论,这就是我们在本章中所要解释的问题。

事实上,在这世界中是否有无穷集合,我们还不能**确定**。肯定这世界中有无穷集合的假设就是我们所谓的"无穷公理"(axiom of infinity)。虽然有种种方法可望用来证明这个公理,我们仍然有理由担心这些方法或许都是错的,并且也许竟没有一个断然有力的逻辑理由使我们相信这公理是真的。然而如果我们要**反对**无穷集合,却也没有确实的逻辑根据,因此我们现在研究这个假设,肯定世界上有无穷集合的假设,在逻辑上并无不合理之处。为了我们现在的需要,这个假设的实际形式是:如果 n 为任何归纳数,则 n 不等于 $n+1$。这个形式与断定无穷集合存在的另一个形式有许多精微的分

别,这些分别我们现在暂置不论,将来临到专门讨论无穷公理时,再 78
加解释。至于现在,我们只假定,如 n 是一归纳数,则 n 不等于 $n+$ 1。我们记得皮亚诺的五个基本命题中,其中有一个是:没有两个归纳数有相同的后继,我们以上的假设即包含在皮亚诺的这个假设之内;因为,假使 $n=n+1$,那么 $n-1$ 与 n 有相同的后继,也就是 n。故此我们所假定的已包含在皮亚诺的基本命题中,此外别无他物。

现在让我们考虑归纳数集合本身。这是一个完全确定的类。首先,一个基数是一个类的集合,所有这些类都彼此相似,并且和此外的类都不相似。然后我们定义:凡属于 0 的后代的基数称为“归纳数”,至于 0 的后代乃是由 n 对 $n+1$ 的关系而产生的;或者我们也可以这样定义:如 0 有一性质,又每一个有此性质的,它们的后继也有此性质,一个东西如具有所有这样的性质,这东西即是一“归纳数”,至于一数,譬如 n,它的后继即是 $n+1$。这样,“归纳数”所形成的类是完全确定的。依照基数的一般定义,归纳数的类的项数应定义为“所有与归纳数类相似的类”,按照我们的定义,这些类的集合就是归纳数的项数。

我们很容易看出这个数并不是一个归纳数。如 n 是任一归纳数,从 0 到 n(0 和 n 也包括在内)各数所形成的类,它的项数乃是 $n+1$;所以不论 n 是一个什么归纳数,归纳数的总数总大于 n。如果我们将归纳数按大小次序排成一个序列,这个序列没有末项;但若 n 是一个归纳数,每一个序列,如其关系域有 n 项,则都有一个末项,这是很容易证明的。这种差异随意就可指出。因之,归纳数的项数是一个新数,和所有的归纳数都不同,也没有一切的归纳性质。可能有某一个性质,0 具有它,并且如 n 具有, 79

$n+1$ 也有, 但是这个新数却不具有。无穷数的理论所以延迟很久才出现的一些困难大部分由于人们的一个误解, 以为至少有一些归纳性质**必定**为所有的数所具有; 并且如否认这一点会导致矛盾。了解无穷数的第一步就在认识这个见解的错误。

在归纳数与这新数之间最堪注意和最奇特的差异就是: 这个新数加 1 或减 1, 加倍或减半, 或者经过任何其他的一些运算, 这些运算我们以为必然会使一数增大或减小, 而这新数却依然不变。加 1 以后仍旧不变这一事实, 被康托用作他所谓的“超穷”基数的定义, 但是为了种种理由(其中有几点我们将要提及), 最好定义一个无穷基数为一个不具有一切归纳性质的数, 简言之, 即一个不是归纳数的数。虽然我们不以加 1 以后仍旧不变这一性质作为定义, 可是这一点很重要, 我们必须对这一点作详细的讨论。

说一个类的项数不因加 1 而改变, 等于说, 如果我们取一项 x, x 不属于这类中, 我们总可以找到一个一对一的关系, 以这类作为它的前域, 以这类加 x 作为它的后域。因为在这种情形下, 一类相似于它自己与项 x 之和, 或者说, 相似于较它自己多一项的一个类, 所以这类的项数与另外多一项的类的项数相等, 如 n 是这项数, 那么 $n = n + 1$。在这样的情形下, 我们也将有 $n = n - 1$, 亦即有一个一对一的关系, 以一类作为它的前域, 将这类去掉一项作为它的后域。我们可以证明, 以上的情形与下述显然更为普遍的情形是相同的, 即**某个**部分(除全体而外)(译者按: 全体也可算全体自己的一部分)对全体可以有一对一的关系。如果一个一对一的关系使整个类与其部分相对应, 那么这关系可说是将这整个类“反射”到它的部分中去; 由于这个原因, 这样的类便称为“自反"（reflexive）类。因之：

一个"自反"类即是一个相似于它自己的一个真部分的类。（所谓"真部分"即是除去全体而外的部分。）

一个"自反"基数是一个自反类的基数。

现在我们必须来研究这种自反性质。

一个最显著的自反例子即是罗伊斯（Royce）的地图的解释：他设想，无疑地我们可以在英格兰地面的一个部分上绘制一个英格兰的地图。假使这个地图是精确的，它和它的原本有一个完全的一一对应；因而，我们的地图虽不过是全体的一部分，却与全体有一对一的关系，并且它所包含的点数必与全体的点数一样多，这个点数因此必是一个自反数。以上的理论如果是对的，这地图必定还包含这个地图的地图，这个地图的地图必定又包含一个地图的地图的地图，如此以往，以至**无穷**，罗伊斯对这点很感兴趣。这一点虽然有趣味，目前我们却不必讨论。事实上，如果我们撇开这个地图的譬喻而注意更为确定的例子，我们的研究可以更为精确，为了这个缘故，我们最好还是讨论数序列本身。

n 对 $n+1$ 的关系限于归纳数时是一对一的，以所有的归纳数为它的前域；0 以外的所有归纳数作为它的后域。这样，整个的归纳数类与去掉 0 的归纳数类相似。因此，按照定义，归纳数类是一个"自反"类，并且它的项数是一个"自反"数。又 n 对 $2n$ 的关系限于归纳数时也是一对一的，以所有的归纳数作为它的前域，以偶数的归纳数作为它的后域。所以归纳数的总数与偶数的归纳数的数目相同。这个性质为莱布尼茨（Leibniz）（以及其他的一些人）用以证明无穷数是不可能的；他认为"部分等于全体"是自相矛盾

的。有些话似乎合理,全依赖于未经察觉的模糊和含混,以上的部
81 分等于全体便是这一种,"等于"一词有许多意义,但若解释成我们
所谓的"相似",则并无矛盾,因为一个无穷集合完全可能有许多部
分相似于它自己。凡认为这一点是不可能的,一般的都不知不觉
地犯了一个错误,一些性质只因我们对于它们是熟悉的,于是我们
便误以为它们超出有穷的范围以外也是真的,它们只能用数学归
纳法证明,我们却不加考察地将它们归之于一般的数。

　　无论何时如我们能将一类反射到它的一部分中去,同一的关
系又将这部分反射到一个更小的部分中去,一直下去,以至无
穷。例如,像我们已经见到的,我们能够将所有的归纳数反射到偶
数中去,用同一的关系(即是 n 对 $2n$ 的关系),我们能够将偶数反
射到 4 的倍数中去。4 的倍数又可反射到 8 的倍数中去,如是继
续,完全类似罗伊斯的地图问题,只不过是比较抽象。偶数是所有
归纳数的一个"地图",4 的倍数是一个地图的地图;8 的倍数是一
个地图的地图的地图;以此类推。假使我们将同样的过程应用于
n 对 $n+1$ 的关系,我们的"地图"即是 0 以外的一切归纳数;地图
的地图即是 2 以上的一切归纳数(包括 2 在内),地图的地图的地
图即是 3 以上的一切归纳数等等。这些例解的主要用途在使我们
熟悉自反类的概念,以便表面矛盾的算术命题能够很容易地翻译
成自反和类的语言,在其中矛盾的意味大大地减少。

　　定义出归纳数的项数将是有用的。为得出这个定义,我们首
先定义一些序列的种类,这种序列可以用按大小次序的归纳基数
作例说明。所谓"序级"的那种序列我们已经在第一章中讨论过。
82 这种序列能由一个相继关系产生;序列中每一分子有一个后继,然

而有一个分子没有前趋,每一分子对于"直接前趋"这一关系而言,都是这一项的后代。这些特性可以综合在下面的定义中①:

一个"序级"是一个一对一的关系,使得仅仅有一项属于这关系的前域而不属于关系的后域,并且前域等同于这一项的后代。

我们很容易看出这样定义的序级满足皮亚诺的五个公理。属于关系的前域但不属于关系的后域的一项就是他所谓的"0";一项有另一项与之有一对一的关系,这项即是另一项的"后继";至于一对一关系的前域就是他所谓的"数"。他的五个公理逐个翻译如下:

(1)"0是一个数"变成:"是前域一分子但不是后域一分子的项是前域一分子"。这等于说在我们的定义中给出的项是存在的,我们称这个分子为"首项"。

(2)"任何数的后继是一数"变成:"一个项,如关系的前域中一给定项对之有所说的关系,则此项也是关系的前域中的一分子"。这一点证明如下:按照定义,关系的前域中每一分子是首项的后代的一分子,所以前域中一分子的后继必是首项的后代的一分子(因为按照后代的一般定义,一项的后代总是包含它自己的后继),因而是前域的一分子,因为依据定义首项的后代即是前域。

(3)"没有两数有相同的后继"。这仅仅说关系是一对多的,而按定义,关系并且还是一对一的。

(4)"0不是任何数的后继"变成:"首项不是关系的后域的一分子"。这也是定义的一个直接结果。

---

①　参考 PM, vol. ii. ＊123。

（5）数学归纳法变成："前域的每一分子属于首项的后代。"这是我们定义的一部分。

因而我们所定义的序级具有五种形式的性质，从这些性质皮亚诺演绎出算术。在第六章中我们曾定义过关系之间的"相似"，我们很容易证明，任何两个序级就是在这种意义上相似。从我们用以定义序级的一对一的关系中，自然能够导出一个序列关系：所用的方法我们已在第四章中解释过；又：一项因原来一对一的关系而有真后代，故所得的关系即是这项与它的真后代的一分子之间的关系。

产生序级的两个传递而非对称的关系是相似的，其理由同于对应的两个一对一的关系是相似的。所有这些产生序级的传递关系所形成的类即是第六章所讲的一个"序列数"；事实上这是最小的一个无穷序列数。康托以 ω 作为它的名字，经过他定名，这个数出了名。

然而当前我们所考虑的是基数。因为两个序级是两个相似的关系，因此它们的前域（或者说它们的关系域，关系域与前域是相同的）是两个相似的类。序级的前域形成一个基数，因为我们很容易证明，相似于一个序级的前域的每个类本身是一个序级的前域。这个基数是最小的无穷基数；康托以一个希伯来文的字母"$\aleph$"并且附以下标 0 来表示它，以区别它与其他较大的无穷基数，这些较大的无穷基数有其他的下标。是以最小的无穷基数的名字是$\aleph_0$。

说一类有$\aleph_0$多项就是说它是$\aleph_0$的一分子，而说它是$\aleph_0$的一分子，又等于说这一类的分子能排入一个序级中。显然假若我们从一个序列中去掉有穷项，或是每隔一项去掉一项，或是除第十

项,第二十项,第三十项等以外各项都去掉,或是除第一百项,第
二百项,第三百项等以外各项都去掉,这样剩下的一个序级仍是
一个序级。这些使一个序级变为稀疏的方法并没有使一个序级
不成其为序级,所以也没有减少它的项数,它的项数仍是$\aleph_0$。事
实上,从一个没有末项的序级中,以类似上面的方法,无论怎样挑
选,使它的各项距离如何疏远,所得到的仍是一个序级。譬如以
n^n 或 n^{n^n} 这样形式的归纳数而论,这些数在数的序列中,愈到后
来分布得非常稀疏,可是它们的项数仍和归纳数的全体一样多,仍
是$\aleph_0$。

　　相反地,我们可以使归纳数加上一些项而不改变它的项数。
取分数为例。人们可能以为分数一定比整数多得多,因为分母为
1的分数就和整数相对应,而分母为1的分数又似乎只是分数中
极小的一部分。然而事实上分数的数目恰和归纳数的相同,就是
$\aleph_0$。按下面的方法将分数排成一序列,我们很容易看出这一点
来,如一分数分子与分母之和小于另一分数的分子与分母之和,
则将此分数置于另一分数之前;如二分数它们的分子与分母之
和相等,则将分子较小的放在前面。于是我们得到这样一个
序列

　　　　　$1, 1/2, 2, 1/3, 3, 1/4, 2/3, 3/2, 4, 1/5, \cdots$

这个序列是一序级,所有的分数迟早在其中出现。因此,我们能
够将所有的分数排入一个序级,它们的项数所以是$\aleph_0$。

　　可是并不是**所有**的无穷集合的项数都是$\aleph_0$。例如实数的项
数就是大于$\aleph_0$,事实上它的项数是 2^n,即使 n 是无穷的,我们也
不难证明 2^n 大于 n。最容易的证明方法就是首先证明:如果

一类有 n 个分子,那么它包含 2^n 个子类——换言之,若在它的
85 分子中取出一些分子来,这样的选择方法有 2^n 个(一切的分子
都取出,或者都不取,这两个极端的情形也包括在内);其次证
明:包含在一类中的子类数永远是大于这一类的分子数。这两
个命题中的第一个在有穷数的情形下我们是很熟悉的,推广到
无穷数也不困难。至于第二个命题的证明很简单,也予人的智
慧以启发,我们叙述如下:

首先,给定一类,譬如说 α,那么它的子类的数目显然至少
是和它的分子的数目一样大,因为每一个分子总可以构成一个
子类,于是,在所有的分子和一些子类之间有一个对应关系。因
此,如果子类的数目和分子的数目不**等**,那么一定是**较大**。现在
我们能够很容易地证明这两个数目不等,要证明这一点,只要证
明:若有任意一个一对一的关系,它的前域是所有的分子,它的
后域包含在子类的集合中,那么必定至少有一个子类不属于后
域。证明如下:[①]如 α 所有的分子及某些子类之间建立了一个一
一对应关系 R,给定一分子 x,可能 x 就与它所属的一个子类对
应,也可能 x 与它所不属于的一个子类对应,凡属于后一种情形
的 x 形成一个类譬如说 β,β 是 α 的一个子类,并且不与 α 的任何
分子对应。因为:就 β 的分子而论,按照 β 的定义,β 的每一个分
子都是与它所不属于的一个子类对应,因此它们没有一个和 β 对
应;再就 α 中不是 β 的分子而论,根据 β 的定义,这些分子中的每

---

① 证明本于康托,只不过略为化简。参见《德国数学家学会年报》(*Jahresbericht der deutschen Mathematiker-Vereinigung*),i.(1892),p.77。

一个都是与它所属的一个子类对应,所以它们也没有一个对应于 β。是以 α 中没有一个分子对应于 β。而因 R 为 α 的所有分子与 α 的某些子类之间的**任意**一个一对一的关系,所以我们得出结论: 86 在 α 类所有的分子与 α 类所有的子类之间没有任何对应关系。如果 β 没有分子,对于以上的证明也没关系:在这个情形下,我们所去掉的一个子类是空类(null-class)。依据我们以前所说,若子类的数目和分子的数目不等,那么一定是较大,现在我们已经证明,在任何情形下子类的数目都不等于分子的数目,所以知道子类的数目是大于分子的数目。将这个结果与第一个命题合在一起,第一个命题是说:如果 n 是分子的数目,则 2^n 是子类的数目,于是我们有了一个定理,2^n 永远大于 n,即使 n 是无穷数时也一样。

从以上的定理我们又得到:无穷基数没有极大。无论一个无穷数 n 多么大,2^n 比它还大。在我们熟悉无穷数的算术以前,它对于我们确是有些奇怪。例如

$$\aleph_0 + 1 = \aleph_0,$$

$$\aleph_0 + n = \aleph_0,\text{此处 } n \text{ 为任一归纳数},$$

$$\aleph_0{}^2 = \aleph_0。$$

(最后一个定理是从分数的情形得到的,因为一个分数为一对归纳数所决定,我们很容易知道分数的数目是归纳数的数目的平方,即是 $\aleph_0{}^2$;但是我们已经知道分数的数目也是 $\aleph_0$。)

$$\aleph_0{}^n = \aleph_0,\text{此处 } n \text{ 为一归纳数},$$

(这个定理是用归纳法从 $\aleph_0{}^2 = \aleph_0$ 得到的;因为:如果 $\aleph_0{}^n = \aleph_0$,那么

$$\aleph_0{}^{n+1} = \aleph_0{}^2 = \aleph_0。)$$

但是 $$2^{\aleph_0} > \aleph_0$$

事实上,如我们将要看到的,$2^{\aleph_0}$ 是一个非常重要的数,它就是有"连续性"(continuity)的序列的项数,所谓"连续性"乃是在康托的意义下的连续性。假定空间与时间是这种意义下的连续(如我们在解析几何或运动学中所假定的),那么 $2^{\aleph_0}$ 即是空间里点的数目或时间中瞬间的数目,它也是空间中任何有穷部分,不管是线,面积或体积的点的数目。在 $\aleph_0$ 以后,$2^{\aleph_0}$ 是无穷基数中最重要的最有趣的。

87   虽然无穷基数的加法和乘法总是可能的,然而减法和除法却没有确定的结果,所以无穷基数的减法和除法不能像在初等算术中那样运用。我们从减法开始讨论:只要减去的数是有穷的,自然没有问题,如被减数是自反数,那么依旧不变,因之如 n 是有穷数,$\aleph_0 - n = \aleph_0$;由减法所得的结果是完全确定的。可是我们从 $\aleph_0$ 减去它自己,情形就不同;我们可能得到的结果从 0 到 $\aleph_0$ 没有一定。这一点由下面一些例子可以很容易地看出。从归纳数减去如下的 $\aleph_0$ 项的集合:

(1)所有的归纳数——余数是零。

(2)n 以上所有的归纳数——余数从 0 到 $n-1$,一共是 n。

(3)所有的奇数——余数是所有的偶数,个数是 $\aleph_0$。

以上都是从 $\aleph_0$ 减去 $\aleph_0$,然而所得的结果全不相同。

至于除法,情形和减法类似。因为 $\aleph_0$ 被 2 或 3 或任何有穷数 n 甚或 $\aleph_0$ 自己所乘时,依旧不变。所以 $\aleph_0$ 为 $\aleph_0$ 所除时所得的商可以是 1 到 $\aleph_0$ 的任何数。

因为减法和除法所得的结果没有一定,所以负数和分数不能推广到无穷数。加法、乘法以及乘方都可顺利进行,可是逆运算——减法,除法,开方——所得的结果却不定,所有与这些逆运算有关的概念,在涉及无穷数时也都不能用。

我们定义有穷的特征时,是用的数学归纳法,也就是,当一数服从 0 开始的数学归纳法时,我们就定义这数为有穷数,当一类的项数是有穷数时,我们定义这类为有穷类。这个定义产生的结果是一个定义所应有的结果,即有穷数就是在普通的数序列 0, 1, 2, 3, … 中出现的数。但是在本章中,我们所讨论的无穷数不仅是非归纳的(non-inductive),也是自反的。康托以自反性作为无穷数的**定义**,并且相信自反性与非归纳性等价;这就是说,他相信每个类和每一个基数不是归纳的,就是**自反的**,这一点或许是真的,并且或许很有可能证明;可是直到现在康托和其他的人(包括作者早年)所提出的证明都有缺点,其中的原因当我们讨论到"乘法公理"(multiplicative axiom)时将加以解释。是否有些类与基数既不是自反的也不是归纳的,现在还不知道。假使 n 是这样一个基数,我们就不会有 $n = n + 1$,可是 n 也不会是"自然数",并且还缺少某些归纳性质。所有已经知道的无穷类和基数都是自反的,至于是否有至今还不得而知的,既不是自反的也不是归纳的类和基数,这个问题我们目前最好保留,不要遽加断定。现在我们采取下面的定义:

一个**有穷**的类或一个有穷的基数即是一个**归纳的**类或**归纳的基数**。

一个**无穷**的类或一个无穷的基数即不是归纳的类或不是归纳的基数。

　　所有的自反类与自反基数都是无穷的;但是现在还不知道是否所有的无穷类与无穷基数都是**自反的**。在第十二章中我们还要回到这个题目继续讨论。

第九章　无穷序列与序数

一个"无穷序列"，可以定义为其关系域是一个无穷类的序列。我们已经讨论过一种无穷序列，即序级。本章中我们要讨论更一般的序列。

一个无穷序列最值得注意的特征就是：只不过将它的各项重新排列就可以使它的序列数改变。在这一方面，基数和序列数确是相反的。不管我们加多少项到自反类上去，一个自反类的基数可能不变；相反地，不增加减少任何项，只是由于重新排列，一个序列的序列数也可能改变。然而在任何无穷序列的情形下，和基数的情形下一样，也可能增加了项数，却不改变序列数。总之，一切全看这些项如何增加而定。

为使以上的说明清楚起见，我们最好从一些例子入手。我们先研究各种不同的序列，这些序列乃是归纳数组成的，不过按各种不同的方法排列。我们先讨论下面的序列

$$1,2,3,4,\cdots,n,\cdots$$

我们已经知道这个序列代表一个最小的无穷序列数，这个序列数康托称为 ω。我们试将这序列中第一个偶数移到序列最后；重复这样的步骤，我们可以将原有的序列变得稀疏。如是，我们不断得 到一些不同的序列：

$$1,3,4,5,\cdots,n,\cdots,2,$$
$$1,3,5,6,\cdots,n+1,\cdots,2,4,$$
$$1,3,5,7,\cdots,n+2,\cdots,2,4,6,$$

等等。如果我们想象这样的步骤尽可能地进行下去,我们最后得到这样一个序列

$$1,3,5,7,\cdots,2n+1,\cdots,2,4,6,8,\cdots,2n,\cdots,$$

在这序列中前面是所有的奇数,然后是所有的偶数。

这些不同的序列的序列数是 $\omega+1,\omega+2,\omega+3,\cdots,2\omega$。这里每一个数都"大于"它的前一个数。所谓"大于"的意义如下:

有第一第二两序列数,任何一个序列,如果它有第一个序列数,就包含另一个有第二个序列数的序列作为它的一部分,然而却没有一个序列,它有第二个序列数,并且还包括一个有第一个数的序列作为它的一部分。这样,我们就称第一个序列数"大于"第二个序列数。

如果我们比较以下两序列

$$1,2,3,4,\cdots,n\cdots$$
$$1,3,4,5,\cdots,n+1,\cdots,2,$$

我们看得出第一个序列相似于第二个序列的一部分,这一部分就是将第二个序列的最后一项 2 去掉得到的,可是第二个序列却不相似于第一个序列的任何部分。(这是显而易见的,证明也不困难。)因之,按照定义,第二个序列的序列数"大于"第一个的序列数,——亦即,$\omega+1$ 大于 ω。但若我们将一项加在一个序级之前,而不加在最后,我们仍旧得到一个序级。是以 $1+\omega=\omega$,而 $\omega+1$ 不等于 $1+\omega$。这是关系算术的一般特性:假使 μ 和 ν 是两个关系数,一般的法则是 $\mu+\nu$ 不等于 $\nu+\mu$。在有穷序数的情形下,二

者是相等的,但这是一种稀有的例外。

我们最后所得到的序列,它的排列是所有的奇数在前,一切的偶数在后,它的序列数是 2ω。2ω 大于 ω 或 $\omega+n$,这里 n 是有穷数。我们注意,依照序列的一般定义,整数的每一个这样的排列都是从某个确定的关系得到的。例如,仅仅将 2 移到最后的那一种排列就是以下面的关系来定义的:"x 和 y 是有穷的整数,或者 y 是 2 而 x 不是 2,或者二者都不是 2,而 x 小于 y"。至于先是所有的奇数,然后所有的偶数这一种排列也可以下面的关系来定义:"x 和 y 是有穷整数,或者 x 是奇数而 y 是偶数,或者 x 和 y 都是奇数或都是偶数,并且 x 小于 y"。以后为省去麻烦,通常我们都不把这些定义叙述出来,然而定义是可以得到的这一事实却很重要。

我们称为 2ω 的数,为二序级所组成的序列的序列数,有时也称为 $\omega\times2$。序列的乘法和加法一样,完全由各序列的次序而定:一个对子的序级产生如下的一个序列

$$x_1,y_1,x_2,y_2,x_3,y_3,\cdots,x_m,y_m,\cdots,$$

这个序列本身仍是一个序级;可是一对序级产生的序列,它的长度是两个序级那么长。因此我们必须分别 2ω 和 $\omega\times2$。符号的用法本不一律;我们将用 2ω 表示一对序级,$\omega\times2$ 表示对子的一个序级,这个规定自然也支配了我们对于一般的"$\alpha\times\beta$"的解释,如 α 和 β 为关系数:"$\alpha\times\beta$"代表 α 个关系适当构成的和,其中每一个关系都有 β 项。

类似以上使归纳数的序列变得稀疏的方法我们可以无限制地继续下去。例如,我们可以将奇数置于最先,然后是它们的倍数,

然后它们倍数的倍数,如此类推。如是我们得到一个序列

$$1,3,5,7,\cdots;2,6,10,14,\cdots;4,12,20,28,\cdots;$$
$$8,24,40,56,\cdots,$$

这个序列的序列数是 ω^2,因为它是一个序级的序级。在这个新序
92 列中,任何一个序级自然也可以按照我们将原先的序级变得稀疏
的办法,再变得稀疏。我们可以继续得到 $\omega^3,\omega^4,\cdots\omega^\omega$ 等等;无论
我们进行到什么地步,我们永远可以继续下去。

　　所有以这种方法能够得到的序数,或者说,所有使一个序级变
得稀疏而得到的序数,它们所组成的序列本身长于任何其他的、由
一个序级的项重新排列而得到的序列。(这一点是不难证明的。)
这些序数形成一类,这类的基数可以证明是大于 $\aleph_0$;这个数康托
称之为 $\aleph_1$。从一个 $\aleph_0$ 所能得到的序数依大小排列起来,它们所组
成的序列的序数叫做 ω_1。是以序数为 ω_1 的一个序列,它的关系域
的基数是 $\aleph_1$。

　　我们从 ω 和 $\aleph_0$ 得到 ω_1 和 $\aleph_1$,用完全类似的方法我们可以从
ω_1 和 $\aleph_1$ 得到 ω_2 和 $\aleph_2$,沿着这种途径我们可以无限制地进行下去,
得到一些新的基数和新的序数,没有东西会阻止我们。现在还不
知道在 $\aleph$ 的序列中有任何一个基数等于 $2^{\aleph_0}$。我们甚至都不知道
是否可以将它们和 $2^{\aleph_0}$ 比较大小;或许和我们的知识相反,$2^{\aleph_0}$ 可
能既不等于,也不大于或小于任何一个 $\aleph$。这个问题牵涉到乘法
公理,关于乘法公理,我们将来要讨论。

　　在本章中到此为止,所有我们已经讨论过的序列都称为"良序
的"(well-ordered)。一个良序的序列有一个首项,有相连的项,并
且如果它的各项经过一番选择,在所选的一组项后还有任何项,那

么这一组项有一个直接在后的项。良序的序列一方面排斥紧致的序列,在紧致的序列中任何两项间都有一些其他的项;另一方面排斥没有首项的序列,或者其从属部分没有首项的序列。以大小为序的负整数序列虽以 −1 为末项,但没有首项,所以不是良序的;但若次序颠倒由 −1 开始,那么它成为一个序级,因之,也是良序的。我们定义良序的序列如下:

一个序列,它的每一个子类(自然,空类须除外)都有一个首项,那么这序列称为"良序的"序列。

一个"序数"乃是指一个良序的序列的关系数。因之它是序列数的一种。

在良序的序列中,可以应用一种普遍形式的数学归纳法。如果在一个序列中,所选择的一组项后还有一个直接后继,又若某一个性质为这一组项所据有,那么这性质也必为它的直接后继所据有,这样的性质我们可以称为是"超穷遗传的"(transfinitely hereditary)。在一个良序的序列中,序列的首项所有的超穷遗传性质,整个的序列也有。这一点使得我们可能证明许多关于良序序列的,但不是对所有序列都真的命题。

归纳数可以很容易地排入一个不是良序的序列中,甚至一个紧致的序列中。例如,我们可以采取以下的方法:考虑依大小次序排列的从 .1(.1 也包括在内)到 1(1 除外)的小数,这些小数形成一个紧致的序列;在任何二小数之间常有无穷多的其他小数。现在将每一个小数前面的点去掉,我们有一个紧致的序列,为所有的有穷整数所构成,只不过能为 10 所整除的整数除外。如果我们希望将为 10 所整除的整数也包括在内,这也没有什么困难;我们不从.1开始,而将所有小于1的小数全包括在内,但当我们去掉小数点时,我们可以将小数前面出现的0都移到小数右面。如是原来小于.1的小数都变成10的倍数。放下这些10的倍数不论,回到开头没有0的数,我们可以将我们的整数排列的法则叙述如下:若两个整数的第一个数字不同,则把第一个数字较小的整数放在前面。若两数的第一个数字相同,而第二个不同,则将第二个数字较小的整数放在前面,又若一数,没有第二个数字,则将它放在所有有第二个数字的前面;如此类推。一般地,如果两个整数前 n 个数字都相同,而第 $n+1$ 个不同,则将没有第 $n+1$ 个数字的放在前面,第 $n+1$ 个数字较小的其次,然后才是较大的。读者可以
94 很容易地知道,这样的排列法则产生一个紧致的序列,这个序列包含所有不能以10整除的整数;我们还看到,就是将10能整除的整数包括在内,也并无困难。从这个例子我们得出一个结论。从 $\aleph_0$ 项中我们可能构造一个紧致的序列;事实上,我们已经知道有 $\aleph_0$ 个分数,并且以大小为序的分数形成一个紧致的序列;因而在这里我们所有的乃是另一个例子。下章中我们还要回到这个题目。

超穷基数服从加法,乘法,乘方所有的形式定律,超穷序数则只服从加法,乘法,乘方的某一些定律,这些定律不仅适合超穷序数,也适合所有的关系数。所谓普通的形式定律乃是指下面的:

I. 交换律:

$$\alpha + \beta = \beta + \alpha \quad 与 \quad \alpha \times \beta = \beta \times \alpha,$$

II. 结合律:

$$(\alpha + \beta) + \gamma = \alpha + (\beta + \gamma) 与 (\alpha \times \beta) \times \gamma = \alpha \times (\beta \times \gamma)$$

III. 分配律:

$$\alpha(\beta + \gamma) = \alpha\beta + \alpha\gamma。$$

当交换律不成立时，分配律的上面一种形式必须和

$$(\beta + \gamma)\alpha = \beta\alpha + \gamma\alpha$$

这一种形式加以区别。

我们将要看到，一种形式可以是真的，而另一种形式却是假的。

IV. 乘方定律：

$$\alpha^{\beta} \times \alpha^{\gamma} = \alpha^{\beta+\gamma},\ \alpha^{\gamma} \times \beta^{\gamma} = (\alpha\beta)^{\gamma},\ (\alpha^{\beta})^{\gamma} = \alpha^{\beta\gamma}。$$

所有这些定律对于基数，不论有穷或无穷都真，对于**有穷**序数也真。但当我们讨论到无穷序数，或者一般的关系数时，有些定律成立，有些定律不成立；交换律不成立；结合律成立；分配律（关于乘积中因子的次序按照我们以上所作的规定）在以下的形式中

$$(\beta + \gamma)\alpha = \beta\alpha + \gamma\alpha$$

成立，但是在另一种形式中

$$\alpha(\beta + \gamma) = \alpha\beta + \alpha\gamma$$

不成立；

乘方定律有两种

$$\alpha^{\beta} \times \alpha^{\gamma} = \alpha^{\beta+\gamma} \quad 与 \quad (\alpha^{\beta})^{\gamma} = \alpha^{\beta\gamma}$$

仍成立，但是

$$\alpha^{\gamma} \times \beta^{\gamma} = (\alpha\beta)^{\gamma}$$

不成立，这个定律显然与乘法的交换律有关。

以上各命题中所假定的乘法和乘方的定义颇为复杂。读者如希望知道这些是什么以及以上的定律如何证明，必须参考 **PM** 第二卷 * 172—176。

序数的超穷算术是康托发展起来的,较基数的超穷算术发展还早,因为种种技术上的,数学上的用途,使得他先着手这一方面的研究。但是从数理哲学的观点看,超穷序数的理论没有超穷基数的理论重要和基本。从实质上说基数较序数简单,然而基数最初出现时,人们认为它是由序数抽象而得的,后来渐渐才对它作独立的研究,这是历史上很奇怪的事件。弗芮格的研究却和这一种发展的次序不同,在他的研究中,有穷的基数,超穷的基数是完全独立于序数而加以讨论的;可是使人们知道这个题目的是康托的工作,至于弗芮格的工作几乎没有人知道,主要的或许因为他所用的符号不易了解。数学家也和其他的人一样,对于在逻辑意义上比较"简单"的概念,了解起来,或使用起来,比处理一些更复杂的
96　概念有更多的困难,因为这些复杂的概念对于他们的通常实践比较接近。由于这些原因,基数在数理哲学中真正的重要性渐渐才被认识。序数虽然也并非不重要,可是和基数比较,总算次要得多,并且它的重要性大部分为更普遍的概念、关系数所掩盖。

第十章　极限与连续性

　　"极限"概念在数学中的位置愈来愈重要,不是以前人们意料所及。全部的微分与积分,实在说起来,几乎高等数学中每个东西都依赖于极限这个概念,以它为基础。从前人们以为无穷小包含在这些学科的基础中,但是维尔斯特拉斯(Weierstrass)表明这种见解是错误的:我们认为是无穷小出现的地方,其实出现的是以 0 为下极限的有穷量的一个集合。通常以为"极限"本质上是一个量的概念,也就是,是一个其他的量愈来愈趋近于它,以致这些量之间的差小于任何指定量的量。然而事实上"极限"概念是一个纯粹的序的概念,与量无涉(除非碰巧讨论的序列是量的序列)。直线上一给定点可以是直线上若干点的一个集合的极限,可是这点并不必取得坐标,或者涉及度量或任何量的概念。虽然从量的观点看,当有穷数逐渐变大时,绝不会接近$\aleph_0$,$\aleph_0$与一个有穷基数的差总是一个常数,并且是一个无穷数,然而$\aleph_0$依然是基数(依大小次序的)$1,2,3,\cdots,n,\cdots$的极限。$\aleph_0$所以成为有穷数的极限,乃是由于在序列中它紧跟在这些有穷数的后面,这是一个**次序**方面的事实,而不是一个量方面的事实。

　　愈来愈复杂的"极限"概念有许多不同的形式。所有这些形式都是从一个最简单最基本的形式推导出来的,这个最简单最基本的形式我们已经定义过,虽然如此,引导出这个定义的其他的一些定

义在这里我们还要重复一遍,不过这些定义现在不要求涉及的关系是序列的,而是取一般形式:

对于一个关系 P 而言,α 类的"极小",乃是 α 和 P 的关系域(如果 P 有关系域)中的一些分子,α 中没有分子和它们有 P 关系。

对于关系 P 而言,α 的"极大"即是对于 P 的逆关系而言,α 的"极小"。

对于一个关系 P 而言,α 类的"后项"(sequents)即是 α 的"后继"的极小,至于 α 的"后继"乃是 P 的关系域的一些分子,α 与 P 的关系域的共同分子对于它们都有 P 关系。

对于关系 P 而言,α 类的"前项"(precedents)即是对于 P 的逆关系而言,α 类的后项。

如果对于关系 P 而言 α 类没有极大,则对于 P 而言 α 的"上极限"即是 α 的后项;若 α 有一极大,则 α 没有上极限。

对于关系 P 而言 α 类的"下极限",即是对于 P 的逆关系而言 α 类的上极限。

假若 P 是连通的,一类至多只能有一个极大,一个极小,一个后项等等。因之实际上我们所涉及的那些情形中,如果有极限(上极限或下极限),我们就可以说"这一个极限"。

当 P 是序列关系时,我们可以大大化简上面的极限概念。在这种情形下,我们可以首先定义一类 α 的"边界"*,也就是 α 的极限或极大,然后再分别什么情形边界是极限,什么情形边界是极大。

＊ 按:此处及以下所谓的边界实在都是前面所谓的上边界,与上边界相对的有下边界。对于 P 关系而言,α 类的下边界即是对于 P 的逆关系而言,α 类的上边界。——译者

为了定义边界,我们最好使用"节"的概念。

我们说"由一类 α 所确定的 P 的节",即是与 α 的分子有 P 关系的一些项。节的这个意义与第七章中定义的并无不同,在第七章所作的定义中虽没有为一类所确定等字样,但是在那种意义下的节确实是为某一类 α 所确定的。如 P 是序列关系,为 α 所确定的节是由先于 α 的某一项的所有项所组成的。假使 α 有一极大,为 α 所确定的节即是这极大的所有前趋。但若 α 没有极大,则 α 的每一分子先于 α 的其他的某个分子,因而整个 α 包含在为 α 所确定的节中。取下面分数类为例:

$$\frac{1}{2}, \frac{3}{4}, \frac{7}{8}, \frac{15}{16}, \cdots,$$

这些就是具 $1 - \frac{1}{2^n}$ 形式的分数,其中 n 代表不同的有穷值。这个分数的序列没有极大,并且由它所确定的节(在依大小次序的整个分数的序列中)是一切真分数的类。或者,我们来考虑素数,将素数看作是从以大小为序的基数(有穷基数和无穷基数)中选择出来的。在这种情形下素数所确定的节就是一切有穷整数的类。

假定 P 是序列关系,那么一类 α 的"边界"就是项 x(如果它存在),x 的前趋是 α 所确定的节。

α 的一个"极大"即是 α 的边界,这个边界并且还是 α 的一分子。

α 的"上极限"即是 α 的边界,不过这边界不是 α 的一分子。

如果一类没有边界,那么它既没有极大也没有极限,这就是"无理的"戴氏分割的情形,或者说,有一"空隙"的分割的情形。

因而对于一个序列 P 而言,α 类的上极限就是后于 α 各项的

项 x（如果它存在），并且先于 x 的每一项都先于 α 的某一项。

β 类的"上极限点"（upper limiting point）是从 β 中选择出来的项的集合的上极限。上极限点与下极限点当然须加分别。就以序数的序列为例而论，序数的序列是：

$$1,2,3,\cdots \omega, \omega+1, \cdots 2\omega, 2\omega+1, \cdots 3\omega, \cdots \omega^2, \cdots \omega^3, \cdots,$$

100 这个序列的关系域的上极限点就是没有直接前趋的各项，亦即，

$$1, \omega, 2\omega, 3\omega, \cdots \omega^2, \omega^2+\omega, \cdots 2\omega^2, \cdots \omega^3, \cdots$$

这个新序列的关系域的上极限点又是

$$1, \omega^2, 2\omega^2, \cdots \omega^3, \omega^3+\omega^2\cdots$$

相反地，序数的序列——实在是每一个良序的序列——没有下极限点，因为除了末项以外，没有一项没有直接后继。但若我们考虑分数的序列，这个序列的每一项对于适当选择的集合既是一个上极限点，又是一个下极限点。如果我们考虑实数序列，从这序列中选择出有理实数来，有理实数的集合即以所有的实数为上极限点和下极限点。一个集合的极限点称为这一集合的"一级导项"（first derivative），一级导项的极限点称为二级导项，如此类推。

从极限来研究所谓"连续性"（continuity），我们可以将一个序列的连续性分成各种不同的等级。"连续性"这一名词虽然人们用了一个很长的时间，可是直到戴德铿和康托的时代，不曾有过任何精确的定义。这两人各给予"连续性"一词一个精确的意义，不过康托的定义较戴德铿的为窄：一个序列有康托的连续性，必有戴德铿的连续性，反之则不然。

凡想给序列的连续性求得一个精确的意义的人，他们很自然地想到的第一个定义，就是定义连续性为我们所谓的"紧致性"，以为

凡连续的序列必是紧致的序列。所谓"紧致性",我们已经知道就是在一序列的任意两项间永远有其他的项。然而由于在有些序列中,例如在分数的序列中,有"空隙"存在,所以以上的定义不适当。我们在第七章中已经见到,有无数的方法可以将分数的序列分为两部分,其中一部分整个在另一部分之先,并且第一部分没有末项,第二部分没有首项。这种情形和我们对连续性的特性所抱的模糊观念正相反。不仅此,这种情形还表示,分数的序列不适合数学上的许多需要。以几何为例,在几何上我们希望能够说,当两直线相交时有一点公共,但若在一直线上点的序列类似于分数的序列,两直线可能交在"空隙"上,因而没有一点公共。这不过是个粗浅的例子,我们还可以举出一些其他的例子,表明以紧致性作为连续性的一个数学定义是不够的。

这种几何上的需要,以及其他方面的需要,导致"戴氏的"连续性定义。我们回忆一下我们如何定义一个序列为戴氏的序列,就是当一个序列的关系域的每一个子类都有一个边界时,我们即称这序列为戴氏的序列。(我们只需假定恒有一个**上**边界或者恒有一个**下**边界,如果假定一个,另一个可以推导出来。)这也就是说,当一个序列没有空隙时,这序列即戴氏的序列。一个序列没有空隙,或者是由于每一项都有后继,或者是在没有极大时,极限存在。是以一个有穷序列或者一个良序序列是一个戴氏的序列,至于实数序列也是。假定我们的序列是紧致的,前一种戴氏的序列(即有穷序列)就必须排除;在这种情形下,我们的序列必定具有一种性质,对于许多种需要说,这种性质恰可称作连续性。于是我们得到一个定义:

当一个序列是戴氏的序列和紧致的序列时,这个序列即具有"戴氏的连续性"。

然而对于许多需要说,这个定义还太宽。例如,如果我们希望几何空间具有一些性质,使每一点都能以实数坐标表示,这就不能仅以戴氏的连续性来保证。我们要确定,凡不能以**有理**坐标表示的每一点都可表示为点的一个**序级**的极限,而这些点的坐标都是有理数,这种性质是另一种性质,从定义中是推导不出来的。

是以我们必须从极限对序列作进一步的研究。康托从事这一研究,并且以这一研究作为他的连续性定义的基础,不过在这定义的最简单的形式中,得出这定义的考虑不大看得出来。既然康托的连续性定义是以序列极限的研究作基础,所以在给出他的定义以前,我们先须知道康托在这方面的许多概念。

如果有一序列,其中所有各点都是极限点,并且所有这序列的极限点都属于这一序列,这样的序列康托定义为"完备的"(perfect)序列。这个定义其实并没有十分准确地表达出他的意思。只要涉及的性质仅仅是所有的点都是极限点,以上的定义本无需加以修正;但若所有的点都是上极限点,或者所有的点都是下极限点,这样的性质却只是紧致的序列才有,其他的序列都没有。如果只是概括地肯定所有的点都是极限点,而不区别都是上极限点或都是下极限点,那么有这性质的就不限于紧致的序列,其他的序列也有——例如小数序列中后面为循环数 9 的小数是与对应的有尽小数(如 0.119 之与 0.12)分开的,并且直接放在这对应的有尽小数前面。这种序列非常接近于紧致的序列,然而却有一些例外的项,这些例外的项是两两相连的,其中的前一项没有直接的前趋,后一项没有直接的后继。除去这样的序列而外，通常每一点都是一个极限点的序列总是紧致的序列；并不须限制是否每一点都是上极限点或者每一点都是下极限点。

虽然康托没有很明晰地考虑到这一点，我们却必须将不同的极限点分别开来，极限点可以由最小的子序列来定义，我们的区分即是按照最小的子序列的性质而决定。康托假定极限点可以由序级，或反序级（亦即一个序级的逆关系）来定义。假若序列中每一分子都是一个序级或者反序级的极限，康托就称这序级为"内在凝聚的"（condensed in itself）。

现在我们研究定义出完备的序列的第二种性质，也就是康托所¹⁰³谓的"封闭的"（closed）性质。我们已经见到原来定义一个序列有封闭的性质，即是说这序列所有的极限点都属于这序列自身。然而这个定义不是永远有任何实在的意义，假使我们所研究的序列是包含在另外一个更大的序列中（例如从实数序列选择出一个序列的情形），并且极限点是就更大的序列而论，只是在这样的时候，以上的定义才有实在的意义。否则，仅就一个序列自身而论，它的极限点总是包含在它自身中。康托的真正意思并不就是他所说的，确实，康托在别的地方所说的话稍微不同，可是这些话才是他真正的意思。他的真正的意思是：可望有一个极限的每一个子序列在原有的序列内确实有一个极限；也就是，每一个没有极大的子序列（或者没有极小的子序列）都有一个极限，也就是，每一个子序列都有一个边界。可是康托不是就每一个子序列而言，而是仅就序级或反序级而言。（这种限制是应当有的，但是康托究竟认识这种需要到什么程度，我们并不清楚。）是以最后我们求得所需要的定义如下：

如包含在一个序列中的每一个序级或反序级都有一个极限，那么这序列称为是"封闭的"。

于是，我们更有一个定义：

如果一个序列是内在凝聚的，和封闭的，或者，如果一个序列的各项都是一个序级或反序级的极限，并且包含在这序列中的每一个序级或反序级都在这序列中有一个极限，那么，这一序列称为是"完备的"。

在试作连续性的一个定义时，康托心目中是要寻找一个定义只适用于实数序列及与它相似的序列，但不适用于其他序列。为此目的，我们还必须加上另一种性质。实数中有些是有理数，有些是无理数；虽然无理数的数目比有理数的大，然而在任意两实数间，不论它们的差如何小，还是有一些有理数。我们已经知道有理数的数目是 $\aleph_0$。由此得到又一个性质足够将连续性的特征完全刻画出来，一个序列具有这性质，就是这序列包含一个有 $\aleph_0$ 项分子的类，并且序列中任意两项不管如何接近总有些该类的分子在其间。完备的性质再加上这个性质足够定义出一个序列类，这类中每一序列彼此都相似，因而事实上是一个序列数。这一类康托定义为连续序列类。

我们可以稍微化简他的定义。我们先定义：

一个序列的"中间类"（median class）乃是关系域的一个子类，在序列的任何二项间有这类的一些分子。

如此，有理实数即是实数序列中的一个中间类。只有紧致的序列才有中间类，这是显而易见的。

现在我们知道康托的定义等价于下面的定义：

一个序列如果（1）是戴氏序列，（2）包含一个有 $\aleph_0$ 项的中间类，那么这序列是"连续的"。

为避免混淆，我们称这一种连续性为"康托的连续性"。可以看出康托的连续性蕴涵戴氏的连续性，可是反之则不然。一切序列如有康托的连续性必彼此相似，但是有戴氏连续性的一切序列不一定相似。

我们已经定义的**极限**概念必不可和变目趋近于一给定项时的函数的极限概念相混淆，我们的**连续性**概念也不可和在一给定变目的邻域的函数的连续性相混淆。这些概念和我们以上定义的概念不同，它们虽然很重要，却是从以上概念导出的，比以上概念复杂。运动的连续性（如果运动是连续的）是函数的连续性的一例；另一方面，空间，时间的连续性（如果空间时间是连续的）是序列的连续性的一例，或者（说得更谨慎一点）空间，时间的连续性通过充分的数学处理，可以归约到序列的连续性。由于运动在应用数学方面是基本的，重要的，以及为了其他理由，因此极限概念与连续性概念应用于函数也须略加探讨；但是这个题目最好在另外一章里专门讨论。

我们已经研究过的连续性的两个定义，即，戴氏的和康托的连续性定义，和普通人或者哲学家心目中由于"连续性"这个词而联想到的模糊观念并不很接近或相合，一般人和哲学家认为连续性就是没有分隔，如同浓雾时特有的一般区别全都消失一样。雾给人一种茫然无际的印象，不确定的多，也没有确定的区分。玄学家们所说的连续性便是这一种东西。他们说这种连续性是他们的心灵生活以及孩子的甚至动物的心灵生活的特征，这倒也是对的。

"连续性"一词这么用时，它所指的或者用"流动"一词所指的模糊观念确是与我们所定义的全然不同。举实数序列为例。序列中每一实数完全确定，不能容许改变；它并不是不可察觉地逐渐转变成另一数；它是硬性的，分离的单位，虽然与其他各单位的距离可以小于任何预先指定的有穷量，然而这距离总是确定的。在实数间存在的这一种连续性与我们在一给定时间所见的那种连续性究竟有什么关系，这问题非常困难而且复杂，我们不主张这两种连续性简单地等同，不过我想我们还是很可以说：我们在本章中所研究的数学概念供给了抽象的逻辑间架，如果经验材料是在精确定义的意义上的连续，那么这经验材料必可借适当的处理置于这间架中。证明106 这个论题有道理在本书的范围内是不可能做到的。读者若有兴趣可读作者在 1915 年的《一元论者》(*Monist*) 中的一篇文章以及作者所著《人类对于外界的知识》(*Our Knowledge of the External World*) 一书的几部分。在这两个地方，作者曾试图证明以上论题对于时间的合理性。我们只告诉读者去参考，为了回到与数学有更密切关系的题目，虽然这个问题很有趣，现在却不能不搁置一旁。

第十一章　函数的极限与连续性

本章我们讨论两个题目，一是当自变数趋近于一给定值时，一个函数的极限的定义（如果这函数有极限）；一是连续函数的定义。这两个概念都是技术性的，在对数理哲学不过是一个介绍的导论中本是不需加以讨论的，不过关于这两个概念有一些错误的观点，特别是在所谓的无穷小计算中引起了一些误解，这些误解已经根深蒂固地深藏于职业哲学家的心中，为将误解连根铲除，需要长时期的相当努力。自从莱布尼茨时期以来，一般都以为微分与积分需要无穷小的量。数学家（特别是维尔斯特拉斯）证明这是一个错误；可是错误固结在人心中，例如像黑格尔（Hegel）关于数学所发的议论，是很难加以消除的，哲学家们对于如维尔斯特拉斯等人的研究一直倾向于不加理会。

在普通数学书中，函数的极限与连续性的定义中包含数。但是如怀特黑已经表明的，数对于这两概念并不是必不可少的。虽然如此，我们还是要从教科书中的定义开始，然后进而说明这些定义如何可以推广，以至适用于一般的序列，而不仅是适用于数的序列或以数来测度的序列。

让我们来考虑任何普通数学函数 $f(x)$，此处 x 与 $f(x)$ 都是实数，并且 $f(x)$ 是单值函数——即给定 x，$f(x)$ 只能有一个值。

我们称 x 为"自变数", $f(x)$ 为"自变数为 x 时函数的值"。如一函数是我们所谓的"连续的",各 x 的差很小，对应的各 $f(x)$ 的差也必很小，并且假若我们使各 x 方面的差足够小，我们能够使 $f(x)$ 方面的差小于任何指定的量，这就是我们所求的精确定义的粗略思想。假使一个函数是连续的，我们不希望其中有突然的跳跃，以致对于 x 的某个值，在它附近的任何变化不论多么小都可使 $f(x)$ 的变化超过某个指定的有穷量。在数学中普通的简单函数都具有连续的性质：如 $x^2, x^3, \cdots, \log x, \sin x$ 等。定义不连续的函数也不困难，我们可以举一个不是数学上的例子，譬如"生存于时间 t，而年龄最小的人的诞生地"。这是一个 t 的函数；从一个人诞生的时候到次一个人诞生的时候，函数值是常数，然后它从一个诞生地突然地变化到另一个诞生地。在数学中一个类似的例子就是"仅次于 x 的整数"，其中 x 为一个实数。这个函数从一个整数到次一个整数，是一个常数，因而有一个突然的跳跃。虽然连续函数对于我们更为习见，实际的情形它们乃是一些例外，比起连续函数来，不连续函数不知多多少。

许多函数对于变元的一个或几个值不连续，然而对于所有其他的值则是连续的。举 $\sin 1/x$ 为例。当 θ 从 $-\pi/2$ 变到 $\pi/2$，或 $\pi/2$ 变到 $3\pi/2$，或者一般地从 $(2n-1)\pi/2$ 变到 $(2n+1)\pi/2$ 时（n 为任何整数），函数 $\sin\theta$ 就从 -1 经过所有的值变到 1。现在考虑当 x 非常小时 $1/x$ 的情形，我们知道当 x 减小时，$1/x$ 愈来愈快地增大，当 x 变得愈来愈小时，$1/x$ 愈来愈快地从 $\pi/2$ 的一个倍数到另一个倍数，因此当 x 愈变愈小时，$\sin 1/x$ 从 -1 变到 1，又从 1 变到 -1 上下往复地愈变愈快。如果我们取包含 0 的任一区间，譬如从 $-\in$ 到 $+\in$ 的区间，这里 $\in$ 是某个非常小的数，$\sin 1/x$ 将在这区间内有无数次振动,虽将区间缩小,也不能减少振动的次数是以在自变数 0 的附近函数是不连续的。我们很容易作出一个函数,使它在某几个地方或在 $\aleph_0$ 个的地方甚或处处都不连续。在任何实变数函数论的书中都可以找到一些例子。

当自变数与函数值都是实数时,我们说对于一给定自变数而言函数是连续的,这句话的意义是什么,现在我们要进而求出它的精确定义。让我们先定义"邻域(neighbourhood)"的概念。一数 x 的邻域即是从 $x-\in$ 到 $x+\in$ 之间所有的数,此处的 $\in$ 在大多数情形下是非常小的。显而易见,不论邻域多么小,函数在一给定点的连续性与它在这点的邻域的情形有关。

如果我们要函数在 a 点连续,我们先须定义包含值 fa 的一个邻域(譬如 α),至于 fa 乃是函数在自变数 a 时所有的值,我们希望假使我们取一个够小的、包含 a 的邻域,对于遍及这邻域的自变数,函数所有的值都将包含在 α 邻域中,而不论我们使 α 多么小。这也就是说,如果我们要使函数与 fa 的差不大于某一个非常小的量,我们总可以找到一个实数的范围,a 在这范围中间,并且遍及这个范围 fx 与 fa 的差不大于预先指定的很小的量。不论我们所选择的量如何小,以上的话总是真的。因此我们得到下面的定义:

函数 $f(x)$ 称为对于自变数 a 是连续的,如果对于每一个大于 0 而任意小的 σ,存在一个大于 0 的数 $\in$,使得对于 δ 的一切值只要其绝对值小于 $\in$,$f(a+\delta)-f(a)$ 的绝对值①总小于 σ。

110

---

①　所谓一数的绝对值小于 $\in$,也就是它在 $-\in$ 与 $+\in$ 之间。

在这定义中，σ 先确定 $f(a)$ 的一个邻域，也就是从 $f(a) - \sigma$ 到 $f(a) + \sigma$ 的邻域。然后定义进而说，由于 $\in$ 我们可以确定 a 的一个邻域即从 $a - \in$ 到 $a + \in$ 的邻域，使得对于这邻域内的所有自变数而言，函数的值是在从 $f(a) - \sigma$ 到 $f(a) + \sigma$ 的邻域内。假使这点能够做到，无论 σ 如何选择，函数对于自变数 a 而言是"连续的"。

到现在为止，我们还不曾定义对于一给定自变数而言的函数的"极限"。假如我们已经定义函数的极限，函数的连续性可以有一个另外不同的定义：一函数在一点是连续的，如果函数在这一点的值等于从上或从下趋近于这一点时函数的值的极限。不过只有非常"平淡无奇"的函数才是当自变数趋近于一给定点时有一个确定的极限。通常函数是振动的，并且一给定自变数的任何邻域无论如何小，在其中的每一个自变数所对应的函数值的范围往往很大，或者说这些值的差往往很大。既然这是一般的情形，让我们先讨论它。

我们先研究当自变数从下面趋近于某值 a 时有什么情形发生。这也就是说，我们要研究对于从 $a - \in$ 到 a 这一区间内的自变数而言有什么情形发生，此处的 $\in$ 在多数情形下都是非常小的。

对应于从 $a - \in$ 到 a（a 除外）这区间内自变数的函数值是实数的一个集合，这个集合确定实数集合的某个分割，这个分割的下部即是不大于从 $a - \in$ 到 a 的函数值的数所组成，给定下部中任何数，对应于 $a - \in$ 到 a 之间的自变数而言，也就是对应于与 a 之差非常小（如果 $\in$ 非常小）的自变数而言，至少有一些函数值不比这数小。让我们取一切可能的 $\in$，和一切可能的对应的分割。所有这些分割的下部的共同部分我们称为当自变数趋近于 a 时的"基本下部"（ultimate section）。说一数 z 属于这基本下部，就是说：无论我们使 $\in$ 如何小，在 $a - \in$ 与 a 之间总有一些自变数，对应于这些自变数的函数值不小于 z。

我们可以将完全相同的方法应用到上部，上部不是指某一点以下的部分，而是指某一点以上的部分。对应于从 $a - \in$ 到 a 的自变数，函数有一些值，这里我们所取的数是不小于这些值的数；这些数确定一个上部，当 $\in$ 变时，上部也变，对于一切可能的 $\in$，得到一切可能的上部，取所有这些上部的公共部分，我们得到"基本上部"（ultimate upper section）。说一数 z 属于这基本上部就是说：无论我们使 $\in$ 如何小，在 $a - \in$ 与 a 之间有一些自变数，对应于这些自变数的函数值不**大于** z。

如果一项 z 既属于基本上部也属于基本下部，我们就说它属于"基本振动部分"（ultimate oscillation）。关于这一点的解释，我们可以再回到当 x 趋近于 0 时函数 $\sin 1/x$ 的讨论。为适合上面的定义，我们假定这值是从下趋近的。

让我们从"基本下部"开始。无论 $\in$ 是什么，在 $- \in$ 与 0 之间，某些自变数所对应的函数值是 1，1 以外函数没有更大的值。因此基本下部是由到 1 为止并且包括 1 在内的所有正负实数所组成，也就是由所有的负数，0，以及到 1 为止，并且包括 1 在内的正数所组成。

同样地，"基本上部"是由所有的正数，0，以及到 -1 为止并且还包括 -1 在内的负数所组成。

是以"基本振动部分"是由从 -1 到 1 之间的所有实数，以及

-1 与 1 所组成。

一般地，我们可以说，一个函数的基本振动部分乃是当自变数从下面趋近于 a 时一些数 x 所组成，无论我们如何接近 a，我们仍然可以找到一些值不小于 x，另一些值不大于 x。

基本振动部分可以不包含任何项，或者只包含一项，或者包含许多项。在前面两种情形下自变数由下趋近于一点时，函数有一个确定的极限。假使基本振动部分只有一项，这是很显然的。如果基本振动部分不包含任何项，也一样真；因为我们不难证明，如若基本振动部分一项都没有，基本下部的上边界即是基本上部的下边界，并且可以定义为自变数由下趋近于某一点时函数的极限。但若基本振动部分有许多项，那么当自变数由下趋近于某一点时，函数没有确定的极限。在这种情形下我们可以取基本振动部分的上边界和下边界（即，基本上部的下边界与基本下部的上边界）作为自变数由下趋近于某一点时，函数的"基本"值的上极限和下极限。同样，我们得到自变数由上趋近于某一点时基本值的上极限与下极限。因之，在一般的情形下，趋近于一给定自变数时函数有**四个极限**。对于一给定自变数 a 而言，函数的唯一极限只在四个极限全相等时才存在，并且就是这四个极限的共同值。如若这个值也是自变数为 a 时函数的值，那么函数对于这个自变数 a 而言是连续的。以上可以作为连续的定义，这个定义等价于前面的定义。

不用一般情形中的基本振动部分和四个极限，我们也可以定义出对于一给定自变数而言的函数的极限（如果它存在）。在这个情形下，定义进行的方式正如前面连续性定义进行的方式。让我们定义自变数从下趋近于某一点时函数的极限。假使变目从下趋近于 a 时函数有一个确定的极限,那么必须而且只需,给定任意小的数 σ,对于和 a 够近的二自变数(两个都小于 a)而言,函数的两个值的差小于 σ;也就是,如若 $\in$ 是够小的,并且二自变数居于 $a-\in$ 与 a(a 除外)之间,那么对应于这二自变数的函数值之差小于 σ。这要对于任何的 σ 都成立,不论 σ 如何小;在这样的情形下,我们说对于自变数由下趋近的某一点而言,函数有一个极限。同样,我们可以定义当自变数由上趋近于某一点时函数的极限。这两个极限即使都存在,不必等同;如若它们等同,它们也仍不必和自变数为 a 时的函数**值**相等。只有在最后的情形下,我们才说函数对于自变数 a 而言是**连续的**。

一个函数对于每一个自变数都是连续的,则称这函数为(没有限制地)连续的。

下面有一种略微不同的方法也可以得到连续性的定义:

假使有某个实数使得对于这个自变数以及所有大于它的自变数而言,一函数的值是类 α 的分子,那么我们说这函数"最后收敛于类 α 中"。同样,假使有某个小于 x 的自变数 y,使得遍及从 y(y 包括在内)到 x(x 除外)整个区间内一切自变数而言,函数的值属于类 α 中,那么我们说函数"在自变数从下趋近于 x 时收敛于 α 中"。现在我们可以说:一函数对于自变数 a 而言是连续的,且有值 fa,如果这函数满足下面四个条件:

(1)给定任何小于 fa 的实数,当自变数从下趋近于 a 时,函数收敛于这数的一切后继中。

(2)给定任何大于 fa 的实数,当自变数从下趋近于 a 时,函数收敛于这数的一切前趋中。

(3)和(4)是与上类似的条件,只不过自变数是从上趋近于 a。

这种形式的定义有一些优点,要定义函数对于一自变数是否连续,以上的定义从分别讨论其他的自变数与函数值是大于或小于这个自变数与函数值而把连续的条件分析为四。

现在我们可以将定义推广以致适用于序列,这些序列不是数的序列或者是还不知道能以数来测度的序列。运动是一个适当的例子。韦尔斯(H. G. Wells)讲过一个故事,这个故事从运动的情形说明对于一给定自变数函数的极限与对于这同一自变数函数的值二者的差别。故事中的英雄拥有实现自己愿望的能力,但是他并不知道,当他被一个警察所攻击的时候,只不过突然说了一句"滚到——",他发现警察不见了。设 $f(x)$ 是警察在时间 t 所处的位置,而 t_0 是他发诅咒的时间,当 t 从下趋近于 t_0 时,警察的位置的极限与这英雄相接触,而对于变目 t_0 而言函数值是——。不过这样的情形在实际世界里是少有的,虽则没有足够的证据,人们却是假定所有的运动都是连续的,即,给定任何物体,如 $f(t)$ 是这物体在时间 t 的位置,$f(t)$ 是 t 的连续函数。这就是在这样的语句中所包含的"连续性"的意义,现在我们就是希望尽可能简单地对它加以定义。

我们已经给出的定义是就自变数与函数值都是实数而言的,我们可以很容易地使这些定义适合于更普遍的用途。

令 P 与 Q 为二关系,虽然对于我们的定义说,二者不必都是序列关系,但是我们最好还是想象它们为序列的。又令 R 为一个一对多的关系,它的前域包含在 P 的关系域中而它的后域包含在 Q 的关系域中。于是 R 是(在一般意义上的)一个函数,它的自变数属于 Q 的关系域,它的值属于 P 的关系域。假使我们所讨论的是在一条直线上运动的质点:令 Q 为时间序列,P 为直线上从左到右的点的序列,R 为直线上质点在时间 a 的位置与时间 a 的关系,因而"a 的 R 关系者"即是质点在时间 a 的位置。在我们定义的整个过程中可以将这个例子记在心中。

如果给定 P-序列中任一区间 α,α 包含对于自变数 a 而言的函数值,在 Q-序列中有一区间,这区间包含 a 但不以 a 为终点, 115 并且对应于这整个区间的函数值是 α 的分子,这样,我们说函数 R 对于自变数 a 是连续的。(所谓一个"区间"指在任何二项间所有的项;亦即如 x 和 y 是 P 的关系域中二分子,并且 x 对 y 有关系 P,所谓"x 到 y 的 P 区间"指所有的项 z,x 对 z 有关系 P,并且 z 对 y 也有关系 P——有时这样说时 x 和 y 本身也包括在内。)

我们也可以很容易地定义出"基本下部"和"基本振动部分"。要定义从下趋近于自变数 a 时的基本下部可以取先于 a 的任一自变数 y(即,对 a 有关系 Q 的 y)取对应于到 y 为止并且包括 y 在内的一切自变数的函数值,构造由这些函数值所确定的 P 的下部,所谓 P 的下部即是 P-序列中先于或者等于这些函数值中的某一些的分子。对于每一个先于 a 的 y 有一个 P 的下部,取所有这些下部的公共部分,这就是基本下部。至于基本上部与基本振动部分完全和上面的情形一样定义。

收敛的定义和以收敛来定义连续性也没有任何困难。

设有属于函数 R 的后域的一个分子 y,y 还属于关系 Q 的关系域,如果 y 所对应的或者 y 与之有关系 Q 的任一自变数所对应的函数值都是 α 的一分子,那么我们说函数 R 是"最终 Q-收敛于

α"。又设有一项 y 与一给定自变数 a 有关系 Q 并且属于 R 的后域,如果从 $y(y$ 在内$)$到 $a(a$ 除外$)$的 Q-区间中任一自变数所对应的函数值都属于 α,那么我们说 R"当自变数趋近于给定自变数 a 时 Q-收敛于 α"。

我们已经知道要使函数对于自变数 a 而言是连续的,必须满足四个条件,如令 b 为函数对于 a 的值,则第一个条件是:

116　　　　给定与 b 有关系 P 的任意一项,当自变数从下趋近于 a 时,函数 R Q-收敛于 b 的(对于 P 而言的)所有后继中。

将以上第一条件中的 P 替以 P 的逆关系即可得到第二个条件;将第一、第二条件中的 Q 替以 Q 的逆关系即可得到第三、第四两条件。

如是,在函数的极限的概念中或者在函数的连续性的概念中没有东西必须涉及数。这两个概念都可一般地定义出来,我们可以证明关于它们的许多命题适用于任何两个序列(一个是主目-序列,一个是值-序列)。我们可以看出这两个定义并不牵涉无穷小。它们涉及的是无穷多的区间所形成的类,这些类愈变愈小,除 0 而外没有任何的极限,但是它们不涉及任何不是有穷的区间。这个事实恰和后面的例子类似,如若将一寸长的直线二等分,再二等分,一直继续下去,在这样的方式下我们绝不能得到一个无穷小:经过 n 次二等分以后直线的长度是 $1/2^n$ 一寸,不论 n 是什么有穷数,$1/2^n$ 也是一个有穷数。继续的二等分,这一过程并不导致序数为无穷的划分,因为过程本质上是一个一步接一步的过程。是以无穷小绝不能以这种方式得到。在这些论题上含混不清与人们在讨论无穷和连续性时感到的一些困难很有关系。

第十二章 选择与乘法公理

在这一章中我们必须讨论一个公理,这个公理可以用逻辑概念陈述出来,却不能用逻辑概念予以证明,有了这公理,数学中的某些部分可以得到不少的方便,可是这公理并不是必不可少的。所谓这公理能给予方便,就是许多有趣的,想当然的命题没有这公理的帮助就不能证明;但是这公理又不是必不可少的,因为即使没有这些命题,它们所在的那些理论部分,虽然形式上稍微有点残缺,却仍然存在。

在陈述乘法公理以前,我们必须先解释一下选择的理论以及当因子数可能是无穷时乘法的定义。

在定义算术的运算时唯一正确的步骤是构造一个实际的类(或者关系,假若是在关系数的情形下),使这类有所需要的项数。这有时需要一点机智,但是为了证明我们所定义的数存在,这是必要的。最简单的例子,譬如加法。假定给定基数 μ 和有 μ 个项的一个类 α。我们如何定义 $\mu + \mu$? 要作出这个定义,我们必须有两个类有 μ 个项,并且这两类必须不相交。我们可以用各种不同的方法从 α 构造出这两个类来,下面的方法或许是最简单的:首先我们先构造所有的有一定先后次序的对子,这些对子的第一项是一个类,这个类只包含 α 的一个分子,它们的第二项就是空类,然后构造另一些有序的对子，它们的第一项是空类，而第二项是一个包含 α 一分子的类。这两种对子的类没有相同的分子，这两类的逻辑和就有 $\mu + \mu$ 项。又假若给定 μ 是某一类 α 的项数，ν 是某一类 β 的项数，用完全类似的方法我们可以定义 $\mu + \nu$。

这样的定义一般都不过是一个适当的技巧问题。但是在因子数可能是无穷多的乘法的情形下定义里会出现严重的问题。

因子数是有穷的乘法没有什么困难。给定二类 α 和 β，α 有 μ 项，β 有 ν 项，我们可以定义 $\mu \times \nu$，我们可以构造有序的对子，我们从 α 中选出一项作为一个对子的第一项，从 β 选出一项作为第二项，所有这些对子形成一个类，这个类所有的项数就是 $\mu \times \nu$。我们可以看出这个定义不要求 α 和 β 不相交；就是 α 和 β 等同的时候，定义依旧是适当的。例如，令 α 为一类，它的分子是 x_1，x_2 和 x_3。那么我们用来定义乘积 $\mu \times \mu$ 的类就是以下这些对子的类：

$$(x_1, x_1), (x_1, x_2), (x_1, x_3); (x_2, x_1), (x_2, x_2),$$
$$(x_2, x_3); (x_3, x_1), (x_3, x_2), (x_3, x_3).$$

当 μ 或 ν 或二者都是无穷的时候，以上的定义也还是可用的，并且这个定义可以一步一步地推广到三个，四个或者任何有穷个因子上去。在这些情形下，定义都不会有什么困难发生，可是定义不能推广到无穷多个因子上去。

因子数是无穷时乘法的困难是这样产生的：假定我有一个类的类 λ，其中每一类所有的项数都是给定的。我们如何定义所有这些数的乘积？假使我们可以一般地构造出定义来，那么无论 λ 是有穷或无穷，定义应该都可适用。我们注意，我们要能够处理的问题是当 λ 无穷时的情形，而不是当它的分子无穷时的情形。如

果 λ 不是无穷,而它的分子是无穷时,上面作定义的方法还是能
应用,正如当它的分子是有穷时一样。反之,如果 λ 是无穷时,即 119
使 λ 的分子是有穷的,仍然有问题产生,我们必须寻觅一个途径来
处理的就是 λ 无穷时的情形。

　　下面一般地定义乘法的方法是从怀特黑来的。这个方法在
《数学原理》第一卷＊80 和其后诸节以及第二卷＊114 中有详细的
解释和讨论。

　　让我们从 λ 是一个两两不相交的类的类开始,——譬如没有
复选制度的国家的许多选区,每一选区都可以看成是选民的一个
类。现在让我们开始从每一类中选出一项作为这类的**代表**,就像
选举议会议员时那样,假定根据法律每一选区必须选一个本区内
的选民为议会的议员,如是我们得到一个代表的类,每一个代表各
自从一个选区中被选举出来。他们组成议会。我们要问有多少种
不同的可能方法选出一个议会?每一选区可以选出它的选民中的
任何一个,所以如若在一选区内有 μ 个选民,那么就有 μ 种不同
的选择。不同的选区的选择是互相独立的;当选区的总数是有穷
时,显然各种可能的议会的数目等于各个选区中选民数目的乘积。
在我们不知道选区的数目是有穷还是无穷时,我们看各种可能的
议会的数目是多少,就将这数目用来**定义**各选区选民数的乘积。
这就是用以定义无穷乘积的方法。关于这例子现在就止于此,我
们要进一步作严格的说明。

　　令 λ 为类的类,让我们还是从 λ 的各分子两两不相交的情形
开始,所谓两两不相交,就是说,如果 α 和 β 是 λ 的两个不同的分
子,那么 α 中没有一个分子是 β 的分子,反之,β 中也没有一个分

子是 α 的分子。当一个类恰好由 λ 的每一分子中的一个项所组成时我们就叫这个类为 λ 的一个"选择类"(selection)，假使 μ 的每一分子都属于 λ 的某一分子，并且若 α 为 λ 的任一分子，μ 和 α 刚好有一项共同，这个 μ 即是 λ 的一个"选择类"。λ 所有的选择类形成的类称为 λ 的"乘法类"(multiplicative class)。λ 的乘法类的项数，或者说，λ 的可能的选择类的数目就定义为 λ 的分子数的乘积。不论 λ 是有穷还是无穷这个定义一样的适用。

我们在作以上的定义时曾有一个限制，就是假定 λ 的各分子两两不相交。要使以上的定义十分完满，我们必须去掉这个限制。为达到这个目的，我们先不定义什么叫做一个类是一个"选择类"，而要先定义何谓一个关系是一个"选择子"(selector)。一关系 R 如果从 λ 的每一个分子中挑出一项作为这个分子的代表，或者说，给定 λ 的任一分子 α，恰好有一项 x，x 是 α 的一分子并且 x 对 α 有关系 R；若这就是 R 的全部作用，那么 R 称为是 λ 的一个选择子，下面是一个形式的定义：

所谓一个类的类 λ 的一个"选择子"乃是一个一对多的关系，这个关系以 λ 为它的后域，并且如果 x 对 α 有这个关系，那么 x 是 α 的一分子。

假使 R 是 λ 的一个选择子，α 为 λ 的一分子，又 x 是和 α 有关系 R 的项，我们称 x 为对于关系 R 而言的 α 的"代表"(representative)。

至于 λ 的一个选择类现在可以定义为一个选择子的前域；像前面我们已经说过的一样，所谓乘法类就是选择类的类。

若是 λ 的分子相交，或者说，有共同分子，那么选择子可能多于选择类，因为 α 和 β 二类所共有的一项 x 可以一次选来代表 α，另一次选来代表 β，在这两种情形下，产生两个不同的选择子，但是两个选择类却没有什么不同。为了定义乘法我们所需要的毋宁是选择子而不是选择类。我们的定义如下：

一个类的类 λ 的分子的项数的乘积是 λ 的选择子的数目。

将上面的方法稍加更改我们可以定义乘方。自然我们也可以将 μ^{ν} 定义为 ν 个具有 μ 项的类的选择子的数目。但是对于这个定义有些非议。因为这个定义用到了乘法公理，这个公理我们不久就会讲到了，这样将乘法公理牵涉进来是不必要的。因之我们不采取这个定义而采取下面的方法：

令 α 为一个有 μ 项的类，β 为一个有 ν 项的类。

设 y 为 β 的一分子，作出所有有序的对子的类，使这些对子以 y 为它们的第二项，α 中的一分子为它们的第一项。对于一给定的 y 有 μ 个这样的对子，因为 α 的任何分子都可以选来作第一项，而 α 有 μ 个分子。我们将这 μ 个对子看作一类。换以另外一个 y，又可以得到一个含有 μ 个对子的类。因为 y 可以是 β 中的任一分子，又 β 有 ν 个分子，所以从不同的 y 我们可以得到 ν 个这样的类。这 ν 个类都是对子的类，这些对子是由 α 的任一分子和 β 的一个固定分子所形成的。这 ν 个类又形成一个类。我们定义 μ^{ν} 为这个类的类的选择子的数目。或者我们也可以定义 μ^{ν} 为选择类的数目，因为我们的对子的类是互相排斥的，它们没有共同的分子，选择子的数目和选择类的数目相等。这类的类的每一个选择类都是有序对子的一个集合，在这个对子的集合中恰好有一个以 β 的一给定分子为它的第二项，它的第一项可以是 α 的任一分子。是以我们以 ν 个具有 μ 项的类的集合的选择子来定义 μ^ν。这个类的集合有一定的结构，它的构成情形较一般的情形更易处理。至于这个定义和乘法公理的关系不久就显示出来。

应用于乘方的方法也可应用于两个基数的乘积。我们可以定义"$\mu \times \nu$"为 ν 个具有 μ 项的类的项数之和。但是我们宁愿将"$\mu \times \nu$"定义为一些有序对子的数目，这些对子的第一项是 α 类的分子，第二项是 β 类的分子，其中 α 有 μ 项，β 有 ν 项。我们作出这个定义也是为了避免假定乘法公理。

用我们的定义，我们可以证明通常的乘法和乘方的形式定律。但是有一件事我们不能证明，就是只有当一个因子是零的时候，乘积才是零。固然在因子数是有穷的时候没有什么问题，可是在因子数是无穷的时候，我们就无法证明了。换言之，我们不能证明：给定一个类的类，它的分子中没有一个是空类，那么必定可以得出一个选择子；或者说，给定一个类的类，若这类的分子互相排斥，那么必定至少有一个类，这个类是由那些给定类中的每一个的一个项所组成。这几个命题都不能证明。虽然乍看起来，似乎显然是真的，但是仔细思考便渐增疑惑。到最后我们只得满足于记录下这个假定以及它的推论，就像我们记录下平行公理一样，而不假定我们能够知道它是真还是假。这个假定含糊一点说，就是在我们希望选择子与选择类存在时，我们就肯定它们存在。有许多方式可以将这假定严格地陈述出来，这些方式都是等价的。我们可以从下面的叙述开始：

"给定一个类的类，它的各分子互相排斥，并且没有一个是空的，那么至少有一个类，这个类和给定的各类恰好有一项共同。"

这个命题我们就称之为"乘法公理"①。我们先给出这个命题的各种等价的形式,然后再对某些形式详加讨论,在这些形式中,公理的真伪对于数学是饶有兴味的。

和乘法公理等价的一个命题是:仅当至少一个因子为零时,乘积才是零;亦即,如果任何数目的基数相乘,除非这些基数中有一个是 0,乘积绝不为 0。

和乘法公理等价的另一个命题是:如果 R 是任意的一个关系,λ 是任意的一个类,这类包含在 R 的后域中。那么至少有一个一对多的关系,这个关系蕴涵 R 并且以 λ 为它的后域。

和乘法公理等价的第三个命题是:设 α 为任意一个类,λ 是除 123 空类以外 α 所有的子类的类,那么 λ 至少有一个选择子。乘法公理就是在这个形式中为崔梅罗(Zermelo)首先引起学术界的注意,这是崔梅罗在他的《每一集合均可良序的证明》(Beweis, dass jede Menge wohlgeordnet werden kann)②一文中所提出的。他认为这个公理的真是无可怀疑的。必须承认,在他将这公理明白地表示出来以前,数学家们已经使用这公理而没有怀疑;不过似乎他们引用这公理是无意识地。崔梅罗使这公理有一个清晰明白的形式,这是他的功绩,但是这与公理的真假完全不相干,公理是真还是假依然是个问题。

在上面提到的证明中崔梅罗已经证明,乘法公理等价于每一类均可良序这一命题,所谓每一类均可良序就是每一类均可排成

---

① 见 PM vol. i. ∗ 88 及 vol. iii. ∗ 257—258。

② 《数学年报》(*Mathematische Annalen*),vol. lix. pp. 514—6。此后我们即称这一个形式的公理为崔梅罗公理(Zermelo's axiom)。

一序列,在这一序列中每一子类(自然,除去空类)都有一首项。每一类均可良序这命题的全部证明是很难的,不过证明所依据的一般原理并不难了解。证明使用了我们所谓的崔梅罗公理,也就是说,假定了这么一个命题:给定任意一个类 α,至少有一个一对多的关系 R,除去空类不算,R 的后域是由 α 所有的子类组成的,并且如果 x 对 ξ 有 R 关系,那么 x 是 ξ 的一分子。这样一个关系从每一个子类中挑出一个"代表"来,自然,常常会有这样的情形:两个子类有相同的代表。崔梅罗所做的,事实上就是用 R 和超穷归纳法一个一个地来数 α 的分子。我们将 α 的代表放在最先,称它为 x_1,然后取 α 除去 x_1 后剩下的所有分子的代表,称它为 x_2。x_2 和 x_1 必不相同,因为每一个类的代表是这类的一分子,而 x_1 是不在这一类中的。像取出 x_2 那样,我们继续进行,令 x_3 为 α 除去 x_1, x_2 以后所余的类的代表。这样,假定 α 不是有穷的,我们就先得到一个序级 $x_1, x_2, \cdots, x_n, \cdots$。然后我们去掉这整个的序级;令 x_ω 为 α 余下的分子的代表。像这样我们可以继续下去直到没有东西剩下来。这一连串的代表形成一个良序的序列,这个序列包含 α 所有的分子。(以上的说明自然不过是崔梅罗证明的大纲的提示)这个命题称为"崔梅罗定理"(Zermelo's theorem)。

124　　　乘法公理还等价于这么一个假定:任何两个不等的基数必有一个较大。如果公理不真,则将有二基数 μ 和 ν,μ 既不小于,也不等于,也不大于 ν。我们已经知道 $\aleph_1$ 和 $2^{\aleph_0}$ 可能就是这样的一对基数的例子。

　　我们还可以举出乘法公理的许多其他的形式。但是上面几个是现在已经知道的各种形式中最重要的。至于在每一种形式中公理的真或假现在毫无所知。

有些命题是否和公理等价还不知道，可是它们确是有赖于公理，这样的命题很多而且很重要。先取加法和乘法的联系为例。我们会很自然地想到 ν 个具有 μ 项的互相排斥的类之和必有 $\mu \times \nu$ 项。当 ν 是有穷的，这个命题可以证明。但是在 ν 是无穷的时候，没有乘法公理，这个命题就不能证明，除非由于某种特殊的情形可以证明某些选择子的存在。以上命题的证明如何引用乘法公理我们现在叙述如后：假定我们有两个类的集合，每一个集合都有 ν 个互相排斥的类，每类又都有 μ 项，我们要证明一个集合的项数和另一个集合的项数相等。要证明这一点，我们必须建立一个一对一的关系。现在因为每种情形都有 ν 类，在两个类的集合之间存在一对一的关系；但是我们所要的是在它们的项之间的一个一对一的关系。让我们考虑在这些类与类间的某个一对一的关系 S，假使 κ 和 λ 是两个类的集合，或者说，两个类的类，又 α 是 κ 的一分子，则有一个 β，β 是 λ 的一分子并且是对于 S 而言的 α 的对应者。现在 α 和 β 都有 μ 项，因此二者相似，更因此 α 和 β 间有一对一的关系。但是麻烦的是一一对应的关系有很多。为了得到 κ 之和与 λ 之和之间的一个一一对应关系，我们必须从一个对应者的类的集合中挑出**一个选择类**来，集合中的一个类是 α 与 β 所有的一一对应者。如果 κ 和 λ 是无穷的，除非我们知道乘法公理是真的，一般地，我们不能知道这样一个选择类的存在。因此在加法与乘法之间我们不能建立通常的联系。

这个事实有许多新奇的推论。我们知道 $\aleph_0^2 = \aleph_0 \times \aleph_0 = \aleph_0$，现在我们就从这一点开始。普通常从以上的等式推论出 $\aleph_0$ 个具有$\aleph_0$项的类的和必定还是有$\aleph_0$项，但是这个推论是谬误的，因为我们不知道这样一个和的项数是$\aleph_0 \times \aleph_0$，更无从知道它就是$\aleph_0$。这一点对超穷序数的理论有重大的意义。我们不难证明，有$\aleph_0$个前趋的序数必是一个康托所谓的"第二类"序数；所谓一个序数是一个第二类序数就是：假若它是某一个序列的序数，那么这序列的关系域必有$\aleph_0$项。我们也很容易地看得出，如果我们取出任意一个第二类序数的序级来，这些序数的极限的前趋至多形成一$\aleph_0$个类的和，这$\aleph_0$个类中的每一个又有$\aleph_0$项。由此我们推论——除非乘法公理是真的，不然，又会陷入谬误——极限的前趋有$\aleph_0$个，并且因此极限是一个"第二类"数。这就是说，我们假定第二类序数的任意一个序级有一个极限，而且这极限也是一个第二类序数这样一个命题算是已经证明。从这命题我们可以推论出一个系来：ω_1（最小的第三类序数）不是任何序级的极限。在大部分习知的第二类序数的理论中都要涉及上面的命题和它的系。就这命题和系涉及乘法定理来看，我们不能认为它们是已经证明，它们可能真，可能不真。究竟是真还是不真，现在我们只能说不知道。因之第二类序数的大部分理论必须看作是尚未证明。

　　另外一个例子可以帮助我们对$\mu \times \nu$，或者说，加法和乘法之间的联系的概念更加清楚。我们知道$2 \times \aleph_0 = \aleph_0$。因此我们可以假定$\aleph_0$个对子之和必有$\aleph_0$项。虽则我们可以证明有时确是这样的情形；但是除非我们假定了乘法公理，我们却不能证明**永远**是这

126 样的情形。这一点我们可以用这样一个百万富翁的例子作为说明。这个百万富翁当他买一双靴子时，同时总买一双袜子，如果他不买靴子，也绝不买袜子，他有这样的一个脾气总是二者一齐买，

最后他有$\aleph_0$双靴子，$\aleph_0$双袜子。问题是：他有多少只靴子，多少只袜子，人们会很自然地假定，他的靴子，袜子每样有多少双，每样就有加倍那么多只，因为$\aleph_0$二倍以后不会增加，所以他每样有$\aleph_0$只。然而我们已经注意到把ν个具有μ项的类之和与$\mu\times\nu$联系起来的困难。有时能够建立这样的联系，有时不可能。在我们的例子中，关于靴子可以建立这样的联系，可是对于袜子，除非有某种非常巧妙的计策，一般是不可能的。这个差别的理由是：在靴子中我们可以分别左右，因此我们从每一对中能够选择出一只来，或者我们挑出所有的右靴，或者所有的左靴；可是说到袜子，没有显示出这样一个选择的原则，除非我们假定乘法公理，我们不能确定有任何一个类，它是从每一双袜子中挑出一只来所组成的。这就是问题。

以上的问题还可用另外一个方法说明。要证明一个类有$\aleph_0$项，必需和充分的条件是找出某一个方法将这一类的分子排成一个序级。关于靴子这么做是没有困难的。它们的对子既形成一个具有$\aleph_0$项的类，因之可以作为一个序级的关系域，在每一双中先取出左靴，次取出右靴，将对子的次序保持不变；这样我们就得到所有靴子的一个序级。但是对于每一双袜子我们不得不任意选择一个放在前面；无穷次的任意选择是不可能的。除非我们能够找到一个选择的规则，或者说，是一个选择子的关系，甚至在理论上我们也不知道选择是可能的。自然，空间中的对象，如像袜子，我们总能找到某个选择原则。譬如，就袜子的质量中心来说：在空间中必有点p，对于任何双袜子而言，两只袜子的质量中心不会和p有相等的距离；因之我们可以从每一双里选出质量中心较近于p [127]

的袜子来。但是为什么像这样一种选择方法总是可能的,这一点并没有理论上的理由。读者费一点思索就可看出,袜子这个例子表明了一个选择类也许是不可能的。

我们要注意,如果从一双袜子中选出一只来是不可能的,那么因之袜子就不可能排成一个序级,所以它们不是$\aleph_0$只。这个例子说明:假若μ是一个无穷数,μ个对子的一个集合所有的项数可能和μ个对子的另一个集合的项数不相等;例如给定$\aleph_0$双靴子,确有$\aleph_0$只靴子,但是除非我们假定乘法公理,或者找到某个偶然的、几何的选择方法,如同上面那样,我们不能确定袜子的情形也是一样。

涉及乘法公理的另一个重要问题是自反性对于非归纳性的关系。记住在第八章里我们曾指出一个自反数必定是非归纳的,但是逆命题(就现在所知)只有假定乘法公理才能证明,其理由如下:

我们不难证明:一个自反类包含有具$\aleph_0$项的子类。(自然,也可能这类本身就有$\aleph_0$项。)是以我们必须证明,给定任何非归纳的类,从它所有的项中可能选出一个序级来,若是我们有足够的能力,我们可以证明,一个非归纳的类所有的项数必定多于任何归纳类的项数,或者换句话说,假使α是一个非归纳类,ν是任意一个归纳数,必有α的一些子类有ν项,这一点的证明现在没有什么困难。因之我们能够构造α的有穷子类的集合:我们先构造一个一项都没有的类,然后是只有一项的一些类(α的分子有多少这些类就有多少),然后是具有 2 项的类,等等。如是我们得到一个序级,排入序级的每一项乃是一些子类的集合,每个集合由那些有某个给定的有穷项数的子类所组成。直到现在我们不曾使用乘法公理,但是我们只证明了 α 的子类的集合的数目是一个自反数,也就是,假使 μ 是 α 的项数,跟着 2^{μ} 是 α 的子类的数目,$2^{2^{\mu}}$ 是子类的集合的数目,那么,若 μ 不是一个归纳数,则 $2^{2^{\mu}}$ 必是一个自反数。可是这一点离我们原来要证明的还远着哩。

　　为了从这一点再进一步,我们必须用乘法公理。除去仅含空类的子类不算,让我们从每一个子类的集合中选出一个子类来。这就是,我们一步步地选出一个仅含一项的子类,譬如说 α_1;一个含二项的子类,譬如 α_2;一个含三项的子类,譬如 α_3;一直下去。(假定了乘法公理我们才能这样做;否则,我们不知道我们是否能这样地一直做下去。)我们现在所有的是一个 α 的子类的序级 α_1,α_2,α_3,$\cdots$,而不是子类的集合的一个序级;如是离我们的目的是走近了一步。假定了乘法公理,现在我们知道如果 μ 是一个非归纳数,2 必是一个自反数。

　　下一步需要注意的是,虽然我们不能确知在序级 α_1,α_2,α_3,$\cdots$ 中在任一个指定的阶段有 α 的新分子加入,但是我们能够确知新分子不时地继续加入。这一点得要说明。类 α_1 是序级的一个新的首项,α_1 只含一项,令这一项为 x_1,α_2 有两项,可能其中有一项是 x_1,也可能不是;如果 α_2 包含 x_1,那么它还有一个新项;如果它不包含 x_1,那么它必包含两个新项,譬如说 x_2,x_3。在这种情形下,可能 α_3 就是 x_1,x_2,x_3 三项所组成,因此没有一个新项,但是在这种情形下 α_4 必定包含一个新项。前 ν 个类 α_1,α_2,α_3,$\cdots$,α_{ν} 最多包含 $1+2+3+\cdots+\nu$ 项,亦即 $\nu(\nu+1)/2$ 项;若是前 ν 个类没有重复的项,那么可能从第 $\nu+1$ 个类到第 $\nu(\nu+1)/2$ 个类才含些重复的项。但是到了第 $\nu(\nu+1)/2$ 个类以后的第一个

129　类它包含 $\nu(\nu+1)/2+1$ 项,原有的一些项不再够用了,因此在这个时候必有新项加入。由此我们得出:假使从序级 $\alpha_1,\alpha_2,\alpha_3,\cdots$ 中去掉所有那些完全由前面一些类中出现的项所组成的类,我们还是得到一个序级。令这新序级为 $\beta_1,\beta_2,\beta_3,\cdots$(将这新序级和原有的序级比较,我们有 $\alpha_1=\beta_1,\alpha_2=\beta_2$,因为 α_1 和 α_2 必定包含新项。也可能有 $\alpha_3=\beta_3$,也可能没有。一般地说,β_μ 必是一个 α_ν,其中 ν 不小于 μ;也就是说,凡 β 必是某个 α。)现在所有这些 β 中的任何一个,譬如 β_μ,都含有为前面的 β 所没有的一些项。令 β_μ 中为新项所组成的部分为 γ_μ。如是我们又得到一个新的序级 γ_1,γ_2,$\gamma_3,\cdots$(首项 γ_1 必是 β_1,因之也是 α_1;假若 α_2 不包含 α_1 的那个唯一分子,我们更有 $\gamma_2=\beta_2=\alpha_2$,但若 α_2 包含那个分子,γ_2 就包含 α_2 的另一个分子)。这个新的 γ 的序级是由互相排斥的类组成的。所以从这些类各选出一项来又是一个序级;就是说,假使 x_1 是 γ_1 的一分子,x_2 是 γ_2 的一分子,x_3 是 γ_3 的一分子,以此类推,那么 $x_1,x_2,x_3,\cdots$ 是一个序级,并且是 α 的一个子类。假定了乘法公理这样的选择是能够做到的。如果公理是真的,两次应用乘法公理,我们就证明了每一个非归纳的基数必是一个自反数。这个结果也可以从崔梅罗定理,即是:如乘法公理为真,则任何类均可良序这一命题中推导出来;因为一个良序序列的关系域所有的项数不是一个有穷数就是一个自反数。

　　以上我们直接论证而不从崔梅罗定理推演,这样做有一个优点,因为上面的论证不要求乘法公理普遍真,而只要求乘法公理应用于 $\aleph_0$ 个类的集合时是真的。有可能公理对于 $\aleph_0$ 个类成立,而应用于数目较 $\aleph_0$ 更大的类不成立。因此如果可能,我们使自己满足于范围比较狭小的假定比较好。在上面直接论证中所用的假定是$\aleph_0$个因子的乘积绝不为零，除非其中有一个因子是零。我们可 130 以把这个假定叙述成如下的形式"$\aleph_0$是一个**可乘数**"（multipliable number），所谓一个数 ν 是可乘的，即是：除非其中有一个因子为零否则 ν 个因子的乘积绝不为零。我们能够**证明**一个**有穷数**总是可乘的，可是我们不能证明任何的无穷数也是如此。乘法公理等价于这样一个假定：**所有的**基数都是可乘的。但是为使自反数等同于非归纳数，或者，为处理靴子与袜子的问题，又，为证明第二类数所排成的任何序级仍是第二类数，我们只需要非常少的假定：$\aleph_0$是可乘的。

关于本章所讨论的问题很可能将来会有许多发现。似乎涉及乘法公理的许多命题将来也可能证明与乘法公理并不相干。普遍形式的乘法公理将来可能证明是假的，这是可以想象的。从这一点看，我们可以寄很大的希望于崔梅罗定理，也许我们能证明连续统或者某些更稠密的序列是不能排成良序的，根据崔梅罗定理，这就证明了乘法公理是假的。然而，直到如今能得到这些结果的方法还不曾发现，这个题目依然是在云雾之中。

第十三章 无穷公理与逻辑类型

无穷公理也是一个假定,可以叙述如下:

"若 n 是任一个归纳基数,则至少有一个类有 n 个个体"。

如果这公理是真的,自然我们得出:有许多类有 n 个个体,而世界上个体的总数不是一个归纳数。因为,根据公理,至少有一个类有 $n+1$ 个项,据此得出:有许多类有 n 个项,并且 n 不是世界上个体的数目。既然 n 是**任意**一个归纳数,可知世界上个体的数目(如果我们的公理是真的)必定超过任何归纳数。在前一章我们曾知道有些基数可能既不是归纳的也不是自反的,就这点可能看,除非我们假定了乘法公理,我们不能从无穷公理推论得到至少有 $\aleph_0$ 个个体。但是我们的确知道至少有 $\aleph_0$ 个类的类,因为归纳基数就是类的类,假若无穷公理是真的,我们知道这些归纳基数形成一个序级,序级的项数就是 $\aleph_0$。我们所以需要无穷公理的理由可以解释如后:——读者当记得皮亚诺的假定之一是:没有两个归纳基数有相同的后继,即,若 m 和 n 为二归纳基数,除非 $m=n$,我们不会有 $m+1=n+1$。在第八章中我们曾用过与上面皮亚诺的假设其实相同的一个假定,即是,若 n 为一归纳基数,则 n 不等于 $n+1$。

我们也许会认为这个假定能够证明。诚然,我们确能证明,如 α 是一个归纳类,又 n 为 α 的分子数,则 n 不等于 $n+1$。用归纳法可以很容易地证明这个命题。证明了这个命题以后,我们会以为这个命题蕴涵上面的命题。可是事实上并非如此,因为可能并没有像 α 这样一个类。我们的命题所蕴涵的实在是:如 n 是一归纳基数,并且至少有一个类有 n 个分子,那么 n 不等于 $n+1$。无穷公理给我们保证(姑不论是真还是假):确有一些类有 n 个分子,于是我们才得断定 n 不等于 $n+1$。没有这个公理,可能 n 和 $n+1$ 都是空类。

让我们用例子来说明这种可能性:假定在世界上恰有九个个体。(至于"个体"这词何所指,须请读者耐心稍待。)那么从 0 一直到 9 的归纳基数虽是我们期望的,可是 10(定义为 $9+1$)却是一个空类。我们记住 $n+1$ 可以用后面的方法定义:$n+1$ 就是所有那些类的集合,这些类在除去其中一项 x 以后,余下的仍为一个有 n 项的类。现在将这定义应用于我们所假定的情形,我们可以看出 $9+1$ 这个类不包含任何的类,即是说它是一个空类。同理 $9+2$ 也是个空类,或者一般地说,$9+n$ 是个空类,除非 n 是零。如是,10 和它以后所有的归纳基数全相等,因为它们都是空类。在这样的情形下,归纳基数不形成一个序级,没有两项有相同的后继这一命题也不真,因为 9 和 10 的后继都是空类(10 本身就是空类)。为防止算术有这么一个窒碍的结局,我们需要无穷公理。

事实上,只要我们满足于有穷整数的算术,既不引入无穷整数,也不引入有穷整数或分数的无穷类或者无穷序列,可能没有无穷公理也能得到一切所要的结果。这就是说,我们能够处理有穷整数和分数的加法、乘法和乘方,但是我们不能处理无穷整数或无理数。这样,我们就不足以建立一个超穷数的理论和实数理论。这几种结果如何发生现在须加以说明。

假定世界上个体的数目是 n，那么个体的类的数目就是 2^n，这个结果是根据第八章中提到的普遍命题得到的，这个普遍命题说：一个有 n 个分子的类包含的类的数目为 2^n。我们也知道 2^n 总是大于 n。所以世界上类的数目大于个体的数目。现在我们像刚才一样假定个体的数目是 9，那么个体的类的数目就是 2^9，即 512。只是用以计数个体，我们所需要的数止于 9 就够了。现在如果我们不是计数个体而是计数类，那么直到我们达到 512 时，我们的算术都是正常的，第一个成为空类的数是 513。假使我们再进一步，从类到类的类，我们算术的范围更加扩张。类的类的数目是 2^{512}，这个数很大，几乎不是我们所能想象的，因为它有大约 153 位数。假使我们再向前进到类的类的类，我们将得到一个更大的数，这个数是 2 的一个乘方，指数就大约有 153 位，所以这数的位数更多，大约是 3×10^{152} 位。在纸张缺少的今日我们不想把它全写出来。若是我们需要再大的数，沿着逻辑的层次前进，我们可以得到它们。这样，指定任何一个归纳基数，只要我们沿着逻辑的层次前进到一个足够的距离总可以在不是空类的数中找到它们的位置[①]。

至于分数，我们有非常类似的情形。假若一个分数 μ/ν，有普通我们所希望于分数的性质，必须有够多的用于计数的对象（不论是些什么）保证空类不致骤然出现。但是，对于任何的分数 μ/ν，只要沿着逻辑的层次前进到足够的距离，没有无穷公理也可保证

---

① 　关于这个题目请参考 *PM*. vol. ii. *120ff。在分数中有与这题目相当的问题，关于这一部分则请参阅同书 vol. iii. *303ff。

这一点。一个数若大于个体的总数，在计数个体时我们不能达到 134
这数，在这种时候，我们可以试着计数个体的类的数目，以求达到
这数，若是仍然不能得到这数，我们可以试着计数类的类的数目，
如此继续进行总可以达到这个数。总之，无论世界上的个体多么
少，无论 μ 可能是一个什么归纳数，我们总可以达到一个阶段，有
比 μ 多得多的对象。即使根本没有一个个体，这一点还是真的，
因为这时还有一个类，即空类，因而又有 2 个类的类（即，空类和以
个体的空类为唯一分子的类），4 个类的类的类，下一个阶段是 16
个，再下一个阶段是 65,536 个，等等。如是为了达到任何给定的
归纳基数，并不需要无穷公理这样的假设。

　　我们之需要无穷公理是在我们要处理归纳基数或者分数的总
类或全部序列的时候。为了确立 $\aleph_0$ 的存在，我们需要归纳基数的
总类，为了确立序级的存在我们需要全部序列：为了这些缘故，我
们必须能够构造出一个单一的类或序列，在这类或序列中没有一
个归纳基数是一个空类。为了以节来定义实数，我们需要分数的
全部序列，这个序列并且须是依大小次序排列的。除非分数的序
列是紧致的，否则，用节来作成的定义将给不出我们所要的结果，
然而分数的总数若是有穷的，分数的序列不可能是紧致的。

　　人们会很自然地假定——作者早年就曾这样做——用我们以
上所讨论的构造法我们能够**证明**无穷公理。人们会说：让我们假
定个体的总数是 n，即使 n 是 0 也不妨事；那么如果我们构造出
个体，类，类的类，等等的一个完全的集合，所有的全聚在一起，在
这集合中所有的项数就是：

$$n + 2^n + 2^{2^n} + \cdots \text{直到无穷},$$

这个数就是ℵ₀。这样不限制于任何一种类型的对象而将各种对
象集合在一起，我们确实得到一个无穷类，因此用不着无穷公理，
可能有人这么说。

现在，在评论这个论证以前，我们先注意这个论证有一个幻术
的意味：使得我们想起魔术家从帽子里能变出许多东西来，观众将
帽子借给魔术家时十分确信帽子里没有一只活兔子，及待帽子里
有一只活兔子出来时，惊讶得说不出话来。读者如果对于实在有
一个健全的意识，虽则也许不能说出以上构造法的弊病何在，总会
知道从个体的一个有穷集合中不能构造出一个无穷集合来。过于
着重幻术的感觉会是一个错误，幻术的感觉和其他的情绪一样容
易将我们引入歧途。不过为了细致地详察产生幻觉的论证，它们，
即幻觉，提供了一个*初步*的理由。当我们详细考察以上论证时，虽
然谬误极其微妙，极其不易避免，但作者相信我们总会找出它的谬
误来。

以上论证中所包含的谬误可以称作是"类型混淆"的谬误。
要充分地解释"类型"这个题目需要一整本书：并且本书的目
的就是要避免仍然是暧昧不明和引起争论的部分，为了初学者
的方便，我们只讨论可以认为是数学上已经确定的真理部分。
现在类型论在数理哲学中确实不属于已经完成和确定的部分，
在很大程度上还是初创的，混乱的，模糊的。类型论究竟取何
种形式才算精确，现在虽然还没有定论，比较起来，我们需要
某种类型论这一点是较少疑问的；联系无穷公理，我们尤其易
于了解这种理论的必要性。

举例言之，类型论的必要性由"最大基数的矛盾"可以看出。

在第八章中我们已经知道在一给定类中所包含的类的数目常大于这类的项数并且还推论出没有最大的基数。但是假若我们能够像前面提出的将个体，个体的类，个体的类的类等等聚为一类，我们将得到一个类，它的子类都是它的分子。假若一切能够计数的对象（不论它们是哪一种）能组成一个类，那么这个类的基数是一切可能的基数中的最大的。因为它所有的子类都是它的分子，子类的数目不会比分子的数目大。如是我们得到一个矛盾。 ^136

当作者在1901年第一次遇到这个矛盾时，曾试图发现康托的没有最大基数的证明中的毛病。这证明在第八章我们已经给出。假设所有想得到的东西都组成一类，将康托的证明用于这类上去，作者得到一个新的，更为简单的矛盾，这个矛盾如下：

我们所考虑的包含一切的最大类必定也包含它自己作为一分子。换句话说，如果有这么一个"包含万有"的类，因为"包含万有"的类也是一个东西，也是万有之一，所以也是"包含万有"的类的一分子。但是依正常的情形讲，一个类不是它自己的一分子。例如人类不是一个人。现在将所有不是自己的一分子的类聚在一起形成一个类；然则这个类是否是它自己的一分子？假如它是自己的一分子，由于定义我们知道它就是那些不是自己的一分子的类中的一个，也就是，它不是自己的一分子。假如它不是自己的一分子，那么它不是那些不是自己的一分子的类中的一个，也就是，它是自己的一分子。如是，两个假设——假设它是自己的一分子和假设它不是自己的一分子——每一个都蕴涵一个与它自己矛盾的命题。所以这是一个矛盾。

我们不难随意地构造出许多相似的矛盾来。用类型论来解决这些矛盾在《数学原理》①一书中有详细的讨论,在《美国数学杂志》(*American Journal of Mathematics*)②中以及《玄学与道德学的评论》(*Revue de Metaphysique et de Morale*)③中作者也曾有两篇论文对于类型论与这些矛盾作比较简单的解释。目前我们只需提示一个解决的大纲就够了。

谬误所以产生在于我们构造了一个"混杂"的类,也就是,就类型说是一个不纯的类。在下一章中我们可以看出,所谓类不过是逻辑的虚构,凡是关于类的叙述只有在它们能翻译成在其中并不提及类的另一种形式时才是有意义的。一个提及有名无实的类的叙述如何才是有意义的因而有了一重限制:如上所说的假名如果在一个语句,或者说一串符号中出现得不当,那么这个语句虽不是假的,可是严格地说来没有意义。一个类是或者不是它自己的一分子,这两个假设之所以没有意义,就是这样的情形。更一般地说,一个个体的类是或不是另一个个体的类的一分子也是没有意义的;以符号构造的任何一个类,假若它的分子在逻辑的层次上不属于同一个等级,那么这些符号就不再表征任何事物。

因之,若世上有 n 个个体,以及 2^n 个个体的类,我们不能将这些个体与个体的类聚在一起构成一个有 $n + 2^n$ 项的新类。在这种情形下,必然需要一个无穷公理,想弃置公理于不用的企图是

---

① Vol. i. , Introduction, Chap. ii. , ＊12 and ＊20; Vol. ii. , Prefatory Statement.

② 《基于类型论的数理逻辑》(*Mathematical Logic as based on the Theory of Types*), *American Journal of Mathematics*, Vol. xxx. , 1908, pp. 222—262。

③ 《逻辑中的悖论》(*Les Paradoxes de la Logique*), Revue de Metaphysique et de Morale, 1906, pp. 627—650。

失败了。为什么需要一个类型的理论，作者不过指出了其中的粗略大意，至于仔细的理由以及类型论本身，作者深知尚未阐明。我们已经表明我们不能以一种魔术家的手法来证明有无穷多个数和类存在。作者唯一的目的就是这一点，非必要的话不拟多事申述。虽然如此，还有某些其他的可能的方法必须研讨。

证明有无穷多个类存在的不同论证在《数学原则》(*Principles of Mathematics*)§339(p.357)中曾一一列出。这些论证，只要它们假定：如 n 是一个归纳基数，则 n 不等于 $n+1$ 这一点，事实上它们就已经涉及无穷公理。在柏拉图的《巴门尼德斯》(*Parmenides*)对话篇中也提示了一个论证。这个论证大意是：如有 1 这么一个数，则 1 存在，然而 1 不等同于存在，因此 1 与存在为二，于是有 2 这么一个数，2 与 1 与存在形成一个三项的类，是以又有数 3，如是类推。这个论证是有谬误的，部分因为"存在"不是一个有任何确定意义的概念，更因为假若我们为它虚构出一个确定的意义，也许会发现数并不存在——事实上，数是一个"逻辑的虚构"，当我们讨论到一些类的定义时，就会知道。

从 0 到 n(0 与 n 全包括在内)共有 $n+1$ 个数，这一论证须凭借一个假定，就是：一直到 n(包括 n 在内)没有一个数等于它的后继，我们已经知道，如若无穷公理是假的，这个假定不会恒真。必须了解，如果 n 超过了世界上个体的总数，对于这样一个有穷数 n，等式 $n = n+1$ 会是真的。当 n 为一自反数时，$n = n+1$ 也真，但是以上的等式和这等式的意义并不相同。等式用于自反数，它的意义是：给定一 n 项的类，如另加一项于此类，所得的类与原来 n 项的类仍"相似"。但是等式用于大于实在世界个体总数的数时，它的意义只是：没有一个有 n 个个体的类，也没有一个有 $n+1$ 个个体的类；却不是说：假使我们沿着类型的层次上升得够远以保证一个 n 项的类存在，这时我们将发现这个类和一个 $n+1$ 项的类"相似"，因为 n 若是一个归纳数，无论无穷公理是真还是假，n 项的类和 $n+1$ 项的类是绝不可能相似的。

　　此外，波尔察诺（Bolzano）①和戴德铿（Dedekind）②两人还用了一个论证来证明自反类的存在。这个论证，简单地说，是一个对象和它的观念不等同，但是任何对象都有一个观念（至少在存在界是如此），因为一个对象和它的观念有一个一一对一的关系，然而观念本身又是对象，所以"是某对象的观念"这个关系将整个对象类反射到它自己的一部分中，这一部分就是观念所构成。因此，对象类和观念类二者都是无穷的。这个论证很有趣不仅就它本身说是如此，并且因为它所含的错误（或者说，我认为的错误）是有启发的，值得注意。主要的错误在于假定：每一个对象都有一个观念。自然，要判定一个"观念"的意义是什么是极端困难的，不过目前姑且假定我们已经知道它的意义。现在假设譬如说，从苏格拉底开始，既有苏格拉底就有一个苏格拉底的观念，由苏格拉底的观念，我们又有苏格拉底的观念的观念等等，直到无穷。可是显然不是所有这些观念都是实际地经验地存在于人心中。超出了第三个或第四个阶段，它们都是不可思议的。假使要维持这个论证，所谓的"观念"必是柏拉图式的，储存在天上的观念，因为它们确实不在世

---

①　波尔察诺，《无穷的悖论》（*Paradoxien des Unendlichen*），13。

②　戴德铿，《数是什么并且应当是什么?》（*Was sind und was sollen die Zahlen?*），No. 66。

上。这样一来是否有这样的观念,立即变得很可怀疑。假若我们要知道确有这样的观念,那么必是建立在某个逻辑理论的基础上,这个理论证明对于一个东西,必然有一个它的观念。可是在经验中我们实在不能得到这个结果,我们也不能像戴德铿那样将这结果应用于"meine Gedankenwelt"——我的思想世界。

如果我们仔细地考查观念和对象的关系,我们必须从一些心理学的和逻辑学的研究着手,这些研究和我们的主要目的并不相关。但是有几点我们须得注意。如果就逻辑来了解"观念",可能观念**等同于**对象,或者是对象的**摹状词**(在下一章将要解释的意义上)。在前一种情形下论证不成立,因为自反性证明中的要点就是对象与观念必须不同。在第二种情形下,论证也不成立,因为对象与摹状词的关系不是一对一的。对于任何给定的对象可有无数个正确的摹状词。例如苏格拉底可以摹状为"柏拉图的老师"或者"饮鸩的哲学家"或者"珊替卜(Xantippe)的丈夫"。如果从心理学来解释"观念",我们必定知道,在心理学中没有任何一个确定的东西可以称为对象的唯一观念:我们可以说"我的苏格拉底的观念和你的全然不同",但是除了苏格拉底本身而外,没有任何一个中心的东西,将各种不同的"苏格拉底的观念"联系起来,因而在对象和观念之间没有任何一个像论证里所假设的一对一的关系,在这种意义上,有无数的信念和看法,每一个都可以称为是对象的一个观念。自然,如同我们已经注意到的,世界上的东西仅是一小部分有观念(在任何广义的意义上的观念),说大部分的事物或者所有的事物都有观念,这在心理学上也是不真的。为了这种种理由,以上支持自反类的逻辑存在的论证必须抛弃。

人们或者会想,关于**逻辑**论证不管说些什么,从空间、时间、颜色的不同等等得来的**经验**论证也足以证明有无穷多的特殊事物的实际存在。作者却不能相信这种意见,无论如何在下述的意义上,即空间、时间,是物理的事实而非数学的虚构这一种意义上,除非是成见,我们没有理由相信空间的广袤无穷,时间的绵延无限。我们很自然地以为空间与时间是连续的,或者至少是紧致的;可是这个信念也完全是一个成见。姑不论物理学中"量子"(quanta)理论真或假,它却说明了一件事实:对于连续性物理学永远不能提供一个证明,并且还十分可能提供一个反证。就如我们每个人在电影中所发现的情形一样,要区别连续的运动和急速的、不连续的、离散的相继,感觉是不够精确的。一个世界,在其中所有的运动全是由一串极小的、有穷的急速跳动所组成和另一个运动是连续的世界,在经验上会难于区别。要充分地辩护这些论点会占去很大的篇幅;目前作者只是将它们提示出来供读者思考。如果这些论点不虚妄,从它们我们可以得出:没有经验的理由使我们相信世界上特殊东西的总数是无穷的,并且绝不可能有这样的理由;同样目前也没有任何经验的理由使我们相信这数目是有穷的,不过理论上我们可以想象有一天会找出证据来,这证据虽然不是断然地肯定个体数是有穷的,但是指示出这么一个方向。

无穷不是自相矛盾的,可是这点不能从逻辑上来证明,由于这个事实,我们必然得到一个结论:关于世界上事物的总数是有穷的抑或无穷的这一点,我们没有一点先验的(a priori)、普遍并且必然的知识。这个结论适合熟知的莱布尼茨的话;有的可能的世界是有穷的,有的是无穷的,我们无法知道我们的现实世界究竟是属于哪一种。因此无穷公理在有些可能的世界中是真的，在另一些可能的世界中是假的；在这个世界里究竟它是真还是假，我们不能断定。

本章通篇用了两个同义字"个体"与"特殊东西"而不曾加以解释。要充分地解释它们没有一个关于类型论的比较详细的探讨是不可能的，可是这样的探究又超出本书的范围。虽然如此，在我们搁下这个题目作其他方面的探讨以前，几句简单的话或许可以减少一点模糊不清的感觉，这点暧昧隐蔽了两个名词的意义。

在普通的语句里，一个表示属性或关系的动词和表示属性的主词或关系项（关系者）的名词我们可以分别得出。"恺撒（Cæsar）活着"这个语句将一个属性归之于恺撒；"布鲁特斯（Brutus）杀死恺撒"表示布鲁特斯和恺撒之间的一个关系。在一个广义的意义上使用主词，我们可以将布鲁特斯和恺撒二者都称为是这命题的主词。在文法上布鲁特斯是主词而恺撒是宾词这一个事实在逻辑上是无关的，因为我们可以用"恺撒为布鲁特斯所杀"这样的话表示同样的情形，在这句话中恺撒是文法上的主词。是以在最广义的意义上，在比较简单的命题中，或者是一个"主词"有一个属性，或者是两个或多个"主词"之间有一种关系。（一个关系可以有两个以上的关系者；例如，"A 将 B 给 C"就是一个**三项**关系。）常常会发生这样的情形，进一步仔细考察，会发现表面上的主词实际上并不是主词，它们还可以分析，而分析的结果总是新的主词取代了它们的位置。也可能碰见这样的情形：动词也可以成为文法上的主词；例如我们可以说，"杀是布鲁特斯和恺撒之间的一个关系。"但是在这样的情形下文法容易引起误解，按照哲学的文法规则,在一个直陈的语句中布鲁特斯和恺撒应该作为主词,而杀是动词。

于是我们遇着项的概念,所谓项就是在命题中不能作为其他的东西,只能作为主词而出现的东西。从前经院派给**本体**(substance)所作的定义,其中就包含了以上所说作为部分。不过在本体这概念中有时间上的持续性,对于我们现在所讨论的概念,持续性却并不相干。现在我们定义"专有名词"(proper names)为在命题中只能作为**主词**出现的项(如适才说明的广义的"主词")。用专有名词我们可以定义"个体"或"特殊东西"。所谓"个体"或"特殊东西"就是可以用专有名词来指称的东西。(不用表征"个体"或"特殊东西"的符号来定义"个体"或"特殊东西",而是直接定义出"个体"或"特殊东西"来,这样做也许更好一点;但是这样一来我们必须投身到形而上学的奥秘部分,这是我们在这里不想做的。)自然我们也可以无尽地回溯;表面上看来是特殊的东西,进一步的考察其实是一个类或者某种复合的东西。果然如此,无穷公理自必是真的。如其不然,在理论上分析必能达到最后的主体,这些就是所谓的"个体"或者"特殊东西"。无穷公理就是假定用于这些东西的数目上。如果对于这些东西无穷公理为真,那么对于它们所组成的类,它们的类的类等等全真;同样,如果对于这些东西无穷公理为假,对于整个层次也假。因此我们把公理解释为关于这些东西的,而不是关于整个层次中的任何别的阶段的,更为自然。但是究竟公理是真还是假,似乎还不知道有一个发现的方法。

第十四章　不相容性与
演绎法理论

现在我们已经略微匆促地探讨了数学的哲学的一部分,这一部分不要求对类的概念作一个批判的考查。不过在前一章中我们已经遇到了一些问题,使得这样一个研究成为绝对必要。在我们能够从事这项研究以前,我们必须讨论一下数学的哲学的一些其他的部分,我们对于这些部分直到现在未加理睬。在一个综合的处理下,我们现在将要讨论的部分应该是在最先,它们比我们至今已经讨论的任何东西都基本。在我们达到类的理论以前,有三个题目应当研究,即:(1)演绎法理论,(2)命题函项,(3)摹状词。三者中,从逻辑上说,在类的理论中并不假定第三个题目,但是在处理类时,需要一种理论,摹状词就是这种理论的比较简单的一个例子。在本章中我们所要讨论的是第一个题目,演绎法理论。

数学是一门演绎的科学:从某些前提出发,通过一个严格的演绎过程,达到许多定理,这些就构成数学。诚然,在过去,数学的推演往往很不严格,不过也确实是,完全的严格几乎是不可达到的理想。虽然如此,在一个数学证明中,只要缺少严格性,这个证明就是有缺陷的;说常识表明结果是正确的这句话不足以辩护,因为如果我们要信赖常识,那么最好完全免去证明,何必以谬误的论证来辅助常识。在数学中,在前提给出以后,除了严格的演绎逻辑以 145

外,不应当诉之于常识或者"直观"或者其他的东西。

康德观察他那时的几何学家不能无所凭借地证明他们的定理,而是需要诉之于图形,于是康德创立了一个数学推理的理论,按照这个理论,数学推理绝不是严格地逻辑的,而是常常需要所谓"直观"(intuition)的帮助。近代数学的整个趋势以及它对于严格性日益增加的要求和康德的理论正相反。在康德的时代,数学中不能**证明**的就是不可**知**的——例如,平行公理。其实,在数学中用数学的方法所能知道的东西就是能从纯逻辑推演出来的东西。至于属于人类知识的其他东西必须用其他的方法——经验的方法来确定,通过感觉,或者通过某种形式的经验,但不是**先验**的、演绎的。这个论题的积极根据可以在《数学原理》中各章找到,至于消极的答辩载《数学原则》中。除了请读者参考这些著作外,在此我们不能多说,因为这个题目太大,不能匆匆地讨论。我们假定全部数学是演绎的,进而研究演绎法中究竟有些什么。

在演绎法中有一个或者多个命题称为前提,从**前提**我们推论出一个命题称为**结论**。如果原来有几个前提,为了方便起见,我们把它们合并成一个单独的命题,以便在说到前提时,我们可以说**这一个**前提,如同我们说**这一个**结论一样。这样我们可以把演绎法看成是一个过程,通过这个过程我们从某个命题,即前提的知识达到另一个命题即结论的知识。但是除非这个过程是**正确无误**的,或者说,除非前提和结论间有这么一种关系:如果我们知道前提是真的,则我们有权利相信结论也必真;否则我们将不认为这个过程是**逻辑**的演绎法。在演绎法的逻辑理论中最重要的就是这种关系。

为了能够正确地推论出一个命题真,我们必须知道某个别的命题真,并且在二命题间有一种称作是"蕴涵"(implication)的关系,即前提"蕴涵"结论。(不久我们将要定义这关系。)或者我们可以知道某个别的命题假,并且在二命题间有一个用"p 或 q"①表示的称作是"析取"(disjunction)的关系,使得我们由知道一个命题假,可以推论出另一个命题真。又或者我们希望推论出来的不是某个命题的真而是它的**假**,那么假使我们知道两命题是"不相容的"(incompatible),也就是一个为真,另一个必假,就可以从一命题之真推得所求命题为假。也可能所求命题之假是从另一命题之假推得的,正如一命题之真可以从另一命题之真推出一样;也就是,当 q 蕴涵 p 时,从 p 的假我们可以推论出 q 的假。以上四种情形都是推论。当我们着意在推论时,以"蕴涵"作为初始的、基本的关系似乎是自然的,因为假使我们要从 p 之**真**能够推出 q 之**真**,p 和 q 之间所有的关系就是这种关系。但是为了技术上的理由,选择起来这种关系不是最好的初始概念。在进行到讨论初始概念和定义以前,让我们先研究以上提到的命题间的关系所提示的各种命题函项。

命题函项中最简单的一种就是否定,"非-p"。这是一个 p 的函项,当 p 假时它真,当 p 真时它假。为方便起见,一命题之真或假我们称为是这命题的"真假值"(truth-value)②;一个真命题的真假值是**真**,一个假命题的真假值是**假**。是以非 - p 的真假值与 p 的正相反。

---

① 我们将用字母 p, q, r, s, t 指命题变项。
② 这名词是弗芮格(Frege)首先用的。

147　　　其次是**析取**关系,"p 或 q"。这个函项的真假值在 p 真时是真的,q 真时也真,但是在 p 和 q 全假时是假。

再次是**合取**关系(conjunction)"p 且 q"。当 p 和 q 全真时函项的真假值是真;否则,即 p 和 q 有一为假或全假时,函项的真假值是假。

又次是**不相容**(incompatibility)关系,即"p 且 q 不全真"。这是合取关系的否定;也是 p 的否定和 q 的否定的析取关系,亦即,"非 - p 或非 - q"。这个函项的真假值在 p 假时是真,在 q 假时也真,当 p 和 q 都真时函项的真假值是假。

最后是**蕴涵**关系,即"p 蕴涵 q",或者"如果 p 则 q"。要了解,在最广泛的意义上的蕴涵将允许我们从知道 p 真推论出 q 真来。是以这函项的意义我们可以解释为:"除非 p 是假的,q 必真"或者"或者 p 是假的或者 q 是真的,二者必有其一"("蕴涵"还可以有其他的意义,这一点对于我们没有关系;以上的意义对于我们才是合适的)。这也就是说,"p 蕴涵 q"意谓"非 - p 或 q":如果 p 是假的它的真假值是真,同样,如果 q 是真的它的真假值也是真,但若 p 真而 q 假,它的真假值是假。

这样,我们有五个命题函项:否定,析取,合取,不相容和蕴涵。我们还可以加上其他的函项,例如,将两个假值联结起来,"非 - p 且非 - q",但是以上五个已经足够。否定和其余四个不同,它是一个命题的函项,其余四个是两个命题的函项。但是所有这五个的真假值都是只依赖于它们的命题变项的真假值,这一点它们是相同的。给定 p 的真假值或者 p 与 q 的真假值(看情形而定),我们可以得到否定,析取,合取,不相容,蕴涵五个函项的真假值,有这样性质的命题函项称为"真值函项"(truth-function)。

将一个真值函项真或假的各种情况叙述出来就已尽真值函项的全部意义。例如,"非 - p"仅仅是 p 的函项,在 p 假时它真,在 p 真时它假,此外它没有任何其他的意义。"p 或 q"以及其余三个也是同样的情形。因此若两个真值函项对于变项的一切值而言有相同的真假值,这样两个真值函项是不能分别的。例如,"p 且 q"是"非 - p 或非 - q"的否定,反之亦然;因之这二者之一可以**定义为**另一个的否定。一个真值函项,除了在某些条件下为真在某些条件下为假外,没有其他的意义。

很明显,以上五个真值函项不全是独立的。它们中间有几个可以用其他的来定义。将它们归约成两个是不太难的;在《数学原理》中所选定的两个是否定和析取。蕴涵是定义为"非 - p 或 q";不相容定义为"非 - p 或非 - q";合取定义为不相容的否定。但是舍弗尔(Sheffer)[1]已经证明,所有这五个全可用一个初始概念代替。倪可德(Nicod)[2]并且证明这一个初始概念能够使我们将演绎法理论中所需要的初始命题归约到两个非形式的(non-formal)原则和一个形式的原则。为了将五个概念归约到一个概念,我们可以将不相容作为我们的初始的、未定义的概念,或者将二假值联合起来作为未定义的概念。我们将取前者作为初始概念。

现在我们的初始概念是称为"不相容"的一个"真值函项",这

---

[1] *Trans*. Am. Math. Soc., vol. xiv. pp. 481—488.

[2] *Proc*. Camb. Phil. Soc., vol. xix., i., January 1917.

个函项以"p/q"来表示。否定可以定义为一个命题和它自己不相容,亦即,"非 $-p$"可以定义为"p/p"。析取是非 $-p$ 与非 $-q$ 不相容,也就是,$(p/p)|(q/q)$。蕴涵是 p 与非 $-q$ 不相容,也就是 $p|(q/q)$。合取是不相容的否定,也就是 $(p/q)|(p/q)$。这样其余的函项全由不相容定义出来了。

显然构造真值函项并没有限制。或者引入更多的变项或者重复原有的变项,可以得出许多其他的真值函项。但是我们所关心的是真值函项与推论的关联,其他许多真值函项我们不必理会。

假使我们知道 p 是真的并且 p 蕴涵 q,我们能够进而断定 q。关于推论常不免有**某种**心理的成分。推论是我们达到新知识的一种方法,关于推论的非心理成分就是使得我们能正确地推论的关系;但是从断定 p 真到断定 q 真的实际过程是一个心理过程,我们不求以纯逻辑的概念来表示。

在数学实践中,当我们推演时,我们常有某种表达式(expression),其中包含命题变项,譬如 p 及 q,这是已知的,根据表达式的形式,我们知道这表达式对于 p 和 q 的一切值全真;此外我们还有另一个表达式,这表达式是前式的一部分,这表达式也已知对于 p 和 q 的一切值是真的,根据推论原则,我们可以将原来表达式中的这一部分去掉,而断定余下的表达式是真的。以上的说明稍微有点抽象,下面几个例子可以使说明清楚一点。

假定我们已经知道在《数学原理》中列举的五个形式的演绎原则(倪可德已经将它们归约成一个,但是因为这一个命题很复杂,我们还是从五个命题开始)。这五个命题如下:

(1)"p 或 p"蕴涵 p——即,如果或者 p 真或者 p 真,那么 p

真。

（2）q 蕴涵"p 或 q"——即，析取"p 或 q"在 p 和 q 二者中有一为真时为真。

（3）"p 或 q"蕴涵"q 或 p"。假若在理论上我们有一个更完美的符号表示法，这个命题是不必要的。因为在析取的概念中并不涉及次序，所以"p 或 q"和"q 或 p"应该是等同的。但是因为在任何方便的形式中我们的符号都不可避免地引入一个次序，我们需要一个适当的假定以表明次序是无关的。

（4）假若或者 p 真或者"q 或 r"真，那么或者 q 真或者"p 或 r"真。（在这个命题中的置换增强了命题的演绎能力。）

（5）如果 q 蕴涵 r，那么"p 或 q"蕴涵"p 或 r"。

以上五命题是《数学原理》中所使用的形式的演绎法原则。一 150 个形式的演绎法原则有双重用处，为明了这双重用处，我们列举了上面五个命题。一方面它们用来作为推论的前提，另一方面它们用来建立前提蕴涵结论这一事实。在一个推论的模式中我们有一个命题 p 和一个命题"p 蕴涵 q"，从以上二命题我们推论出 q。现在当我们讨论演绎法原则时，我们的初始命题必须供给我们推论的 p 和"p 蕴涵 q"。这就是说，我们的演绎法规则**不仅**是用作**规则**以建立"p 蕴涵 q"，并且**还**用作实际的前提，如像模式中的 p。举例言之，假若我们要证明，如果 p 蕴涵 q，那么若 q 蕴涵 r，则 p 蕴涵 r。这里我们有一个三命题间的关系，三命题叙述的都是蕴涵关系。令

$$p_1 = p \text{ 蕴涵 } q, p_2 = q \text{ 蕴涵 } r, p_3 = p \text{ 蕴涵 } r。$$

于是我们要证明的就是 p_1 蕴涵"p_2 蕴涵 p_3"。现在我们将上面

的第五个原则中的 p 代以非 $-p$，并且根据定义"非 $-p$ 或 q"即是"p 蕴涵 q"。这样我们的第五个原则变成：

"如果 q 蕴涵 r，那么'p 蕴涵 q'蕴涵'p 蕴涵 r'"，亦即"p_2 蕴涵'p_1 蕴涵 p_3'"。我们称这命题为 A。但是当我们将第四个原则中的 p 和 q 分别代以非 $-p$ 和非 $-q$ 时，依据蕴涵的定义，第四原则就变成：

"如果 p 蕴涵'q 蕴涵 r'那么 q 蕴涵'p 蕴涵 r'"。

以 p_2 代入 p，p_1 代入 q，p_3 代入 r，以上命题变为：

"如果 p_2 蕴涵'p_1 蕴涵 p_3'，那么 p_1 蕴涵'p_2 蕴涵 p_3'"，称这命题为 B。

151　　借助第五个原则现在我们证明了

"p_2 蕴涵'p_1 蕴涵 p_3'"，我们曾称它为 A。

如是在此我们有一个推论模式的例子，因为 A 代表我们模式中的 p，而 B 代表"p 蕴涵 q"。因此我们得到 q，亦即，

"p_1 蕴涵'p_2 蕴涵 p_3'"。

这就是我们要证明的命题。在这个证明中，第五个原则经过改变而成 A，作为一个实际的前提出现；至于第四个原则改变后而成的 B 则给出推论的**形式**。在演绎法理论中，前提的形式的和实质的两种使用是紧密地交错的，我们只要认识到它们在理论上是不同的，倒也不必一定将它们分开。

　　从前提达到结论的最早的方法就是在上面的推演中所说明的，但是方法本身几乎不能称为是演绎法。不论初始命题是些什么，初始命题对于在其中出现的命题变项 p,q,r 的一切可能的值总是真的。所以我们可以将 p（譬如说）代以任何的表达式，只要

它的值是一个命题,例如,"非－p","s 蕴涵 t"等等。借助这样的代入我们实在得到的不过是原来命题的一些特例。但从实用的眼光看来,却算是新命题。这种代入的合法性需要用一个非形式的推论原则①来保证。

我们说过倪可德曾经将上面的五个形式的推论原则归约到一个形式的推论原则,现在我们可以叙述这个原则。为叙述这个原则我们首先要表明某些真值函项如何可以用不相容来定义。我们已经知道

$$p \mid (q/q) \text{的意义是“} p \text{ 蕴涵 } q \text{”。}$$

现在我们注意

$$p \mid (q/r) \text{的意义是“} p \text{ 蕴涵 } q \text{ 和 } r \text{”。}$$

因为这个表达式的意义是"p 与'q 与 r 不相容'不相容",即,"p 蕴涵'q 与 r 不是不相容'",又即,"p 蕴涵'q 与 r 都真'"。——因为我们已经知道,q 和 r 的合取就是它们不相容的否定。

其次我们注意 $t \mid (t/t)$ 的意义是"t 蕴涵它自己"。这是 $p \mid (q/q)$ 的一个特例。

让我们以 $\overline{p}$ 表示 p 的否定;如是$\overline{p/s}$的意义就是 p/s 的否定,亦即,p 和 s 的合取,跟着有

$$(s/q) \mid \overline{p/s}$$

的意义是 s/q 和 p 及 s 的合取不相容;换言之,它说如果 p 和 s 都真,则 s/q 假,也就是 s 和 q 都真;用更简单的话说,它表示 p 和 s

---

① 在《数学原理》以及前面提到的倪可德的论文中都没有举出这样一个原则,这是一个疏忽。

的合取蕴涵 s 和 q 的合取。

$$现在令 P = p \mid (q/r),$$
$$\pi = t(t/t),$$
$$Q = (s/q) \mid \overline{p/s}.$$

倪可德的唯一的一条演绎法的形式原则就是

$$P \mid (\pi/Q),$$

也就是，P 蕴涵"π 且 Q"。

此外他还用一条属于类型论的非形式的原则（这个原则我们不须注意）和另一条原则，这原则相当于，给定 p 和"p 蕴 q"，我们可以断定 q。这原则本身是：

"如果 $p \mid (r/q)$ 真，并且 p 真，那么 q 真"。除去与命题函项的普遍真或存在有关的推演外，整个的演绎理论都是从这原则推演出来的，关于命题函项下章我们将要讨论。

我们所以能推论乃是由于命题间有某种关系，如果作者没有弄错，在某些人的心中对于命题间的关系是混淆不清的。为了使从 p 得出 q 这一个推论是**正确无误**的，只需 p 为真和命题"非－p 或 q"为真。无论何时只要有这样的情形，显然 q 必真。事实上只有当我们不是通过有关非－p 的知识或有关 q 的知识而**知道**命题"非－p 或 q"时，推论才会发生。无论何时只要 p 假"非－p 或 q"即真，但是这对于推论没有什么用处，推论要求的是 p 真。无论何时如已知 q 真，"非－p 或 q"自必也是真，但是这对于推论也没有用处，因为既然 q 已知，根本不须推论。在"非－p 或 q"可知而使这析取命题为真的非－p 和 q 这二者中哪一个为真不知道的时候，才有推论。现在，推论产生的条件就是在 p 与 q 间存在着某种形式的关系。例如，我们知道若 r 蕴涵 s 的否定，那么 s 蕴涵 r 的否定。在"r 蕴涵非 $- s$"和"s 蕴涵非 $- r$"之间有一种形式的关系，这种关系能使我们**知道**前者蕴涵后者，而不须先知道前者是假，或者先知道后者是真。正是在这种条件下，蕴涵关系实际上对于作出推论有用。

但是只是为了我们能够**知道**前提假，结论真二者必居其一，才需要这种形式关系。为了推论**正确**所需要的是"非 $- p$ 或 q"真；此外如有所需乃是为了推论的实际可实行性。刘易斯教授（Prof. C. I. Lewis）[①]曾经特别着力研究较狭的形式关系，这种关系我们可称为"形式的可推演性"（formal deducibility）。他极力主张用"非 $- p$ 或 q"表示的较广的关系不应该称为"蕴涵"。不过这是一个用字的问题。假使我们用字前后一贯，我们如何定义它们并不关紧要。作者所持理论与刘易斯所持理论的主要不同点是：刘易斯主张：从一个命题 p 可以"形式地推演"出另一命题 q 时，在 p 与 q 间的关系是他称为"严格蕴涵"（strict implication）的关系，这种关系和用"非 $- p$ 或 q"所表示的关系不同，是一种较窄的关系，仅当 p 和 q 间有某些形式上的关联时才有这关系。作者认为，无论是否有像他所说的这样一种关系，总之数学不需要这种关系，因之根据一般的经济理由，也不该取为我们的初始概念，无论何时在二命题间有"形式的可推演性"的关系，我们就可知道或者前一命题假，或者后一命题真，二者必居其一，除此而外，再不需要任何东西进入我们的前提中；最后，刘易斯所持以反对作者的见解

¹⁵⁴（右侧边注：154）

---

①　见 *Mind*, vol. xxi., 1912, pp. 522—531; and vol. xxiii., 1914, pp. 240—247。

的种种详细理由全可详细答复,并且那些似是而非的理由全依赖于一种隐蔽的无意识的假定,这假定是作者所不取的。因此作者得出结论,我们不需要任何不能以真值函项表达的任何蕴涵形式作为基本概念。

第十五章　命题函项

　　当我们在前一章中讨论命题时,我们不曾给"命题"这个词作出一个定义。虽则这个词不能严格地定义,然而为了避免非常普通的错误:将命题与"命题函项"混为一谈,我们必须对于命题的意义有所说明,我们将由命题说到命题函项,后者乃是本章的主题。

　　我们用"命题"这个词主要地是指一些字或者其他符号组合成的一种形式,这种形式所表达的或者是真或者是假。我们说"主要地",因为我们不想把文字符号,甚或有符号性质的纯思想以外的东西予以排斥。但是我们认为命题这个词应该限制于可以称为是某种意义上的符号的东西,或者更进一步,限制于那些表达真假的符号。准此而论"二加二得四"和"二加二得五"都是命题,同样的"苏格拉底是人"和"苏格拉底不是人"都是命题。"无论 a,b 是什么数,$(a+b)^2 = a^2 + 2ab + b^2$"这个语句也是一个命题;但是仅仅是这样的一个式子:"$(a+b)^2 = a^2 + 2ab + b^2$"就不是一个命题,因为它没有断定任何确定的东西,除非我们进一步地知道,或者假定,a 和 b 以一切数为可能的值,或者只有如此这般的值。在数学公式的解释中一般地总是暗中假定了前一种情形,即是:a 和 b 有一切可能的数值,因之,这些公式也就成为命题;但是如果没有这样的假定,这样的式子就只是"命题函项"。一个"命题函项"

156 其实就是一个表达式,这表达式包含了一个或者多个未定的成分,当我们将值赋予这些成分时,这个表达式就变成了一个命题。换句话说,一个命题函项即是其值为命题的函项。但是这后面的一个定义,我们必须小心使用。一个摹状函项,例如,"在 A 的论文中的最难的那个命题",虽然它的值是命题,可并不是一个命题函项。在这样的情形下,只摹状了一些命题,而在命题函项中,它们的值必须实实在在**陈述了**一些命题。

命题函项的例子是很容易列举的:"x 是人"是一个命题函项,只要 x 未加规定,它既不真也不假,但是当我们给 x 规定一个值时,它变成了一个真或假的命题。任何数学方程式都是一个命题函项。只要方程式中的变元没有确定的值,方程式便只是一个尚待决定的表达式,经规定后才是一个真的或者假的命题。假使方程式中只包含一个变元,我们使这变元与方程式的根相等时,方程式便成为一个真的命题,反之,若给变元规定其他的值时,方程式便成为假的命题;但若方程式是一个恒等式,给变元规定任何值,所得到的命题永远为真。平面中一个曲线的方程式或者空间中一个面的方程式都是命题函项。对于曲线上或面上的点的坐标而言,命题函项成为真的命题,对于其他的值,命题函项成为假的命题。传统逻辑中的表达式,如"所有的 A 是 B"是命题函项,在这样的表达式成为真的或假的命题以前,A 和 B 必须规定为两个确定的类。

"实例"或者"例证"的概念都要用命题函项来解释。试考虑所谓的"概括化"所提示的那种过程,让我们举一个非常简单的例子,譬如说,"闪电后继之以雷鸣。"我们有许多这样的实例,也就是说,我们有许多这样的命题:"这是一次闪电,并且后面继之以雷鸣。"

这些现象是什么东西的实例？它们是后面一个命题函项的实例："如果 x 是一次闪电，那么 x 后面继之以雷鸣。"概括化的过程（至于它的有效性我们不拟涉及）在于从许多这样的实例达到"如果 x [157] 是一次闪电，那么 x 后面继之以雷鸣"这个命题函项的**普遍**真。我们会发现，类似地，当我们说到例证或实例时总是涉及一个命题函项。

我们不需要问或者回答以下的问题："什么是一个命题函项？"单单一个命题函项可以看成是一个模式，一个空壳，一个可以容纳意义的空架子，而不是一个已经具有意义的东西。我们关心于命题函项的大略说有两方面：第一，就是"在一切情形下均真"和"在某种情形下真"这两个概念涉及命题函项；第二，就是在类和关系的理论中涉及命题函项。第二个题目我们延至下章讨论，现在我们讨论的是第一个题目。

当我们说某个东西"常真"或者"在一切情形下均真"时，显然涉及的某个东西不能是一个命题。一个命题是真或者假，事情就此结束。"苏格拉底是一个人"或"拿破仑死于圣海伦娜岛"并没有一个实例。它们是命题，说它们"在一切情形下都真"是没有意义的。"在一切情形下"这个短语只能用于命题**函项**。以我们讨论因果关系时所常说的为例。（我们不涉及所说的真假，我们所关心的只是它的逻辑分析。）人们说"在每个实例中 A 继之以 B"。现在如果有许多 A 的"实例"，A 必是某个普遍的概念，对于这概念，我们说"x_1 是 A"，"x_2 是 A"，"x_3 是 A"等等是有意义的，此处 x_1, x_2 和 x_3 乃是特殊的彼此不全同的东西。我们把这一点应用到前面闪电的例子上。我们说闪电（A）后继之以雷鸣（B）。各别的电

光是特殊的,不等同的,但是它们具有成为闪电的共同性质。表示
一个共同性质的唯一方法一般地是说,许多对象的一个共同性质
是一个命题函项,当这些对象的任何一个取为函项中变元的值时,
这命题函项便变成一个真的命题。在这样的情形下,所有这些对
象是命题函项的真值的实例——一个函项虽然包自身不是真或
假,然而在某些实例中真在另一些实例中假,除非它恒真或者恒
假。现在回到我们的例子,我们说在每一个实例中 A 继之以 B,
我们的意思是,不管 x 是什么,如果 x 是一个 A,那么 x 继之以一
个 B;这就是说我们断定一个确定的命题函项"恒真"。

包括着"所有","每一个","一个","这个","有的"这些词的语
句都须用命题函项来解释。命题函项如何出现可以用以上的词中
的两个,即,"所有"和"有的"来解释。

在以上的分析中只有两个东西可以用命题函项来完全说明,
一个是断定它在**一切**情形下都真,另一个是断定它**至少在一种**情
形下为真,或者在有些情形下为真(以下我们要指出,并不必包含
许多情形)。命题函项的所有其他用法都可以归约成这两种。当
我们说一个命题函项"在一切情形下都真"或者"恒真"(以下我们
也要指出,并没有任何时间方面的示意),我们的意思是它的一切
值都真。如果"ϕx"是一个命题函项,a 是可作为"ϕx"的"自变数"
或称主目的一个对象,无论我们选择怎样的 a,ϕa 总是真的。例
如,"如果 a 是人,a 有死"这一命题无论 a 是否是人总是真的;事
实上,这种形式的每一个命题都是真的。是以"如果 x 是人,x 有
死"这一命题函项"恒真"或者"在一切情形下均为真"。又如,"没
有独角兽"这个语句和"命题函项'x 不是一个独角兽'在一切情形

158

下均真"这一个语句完全一样。在前一章中关于命题的断定,例如
"'p 或 q'蕴涵'q 或 p'"其实是关于某些命题函项在所有的情形
下都真的断定。我们不是断定上面的原则只对这个或者那个特殊 159
的 p 或 q 为真,而是对于这原则对之有意义的**任何** p 和 q 都真。
对于一给定主目而言,一个函项成为**有意义的**条件就是函项对于
这主目而言有一个真值或假值的条件。意义的条件的研究属于类
型论。类型论在前一章已有概要说明,我们将不超出这个范围。

　　不仅演绎法原则,逻辑中所有的初始命题都是由关于某些命
题函项恒真的一些断定所组成。如果不然,它们必是提到一些特
殊的东西或概念——苏格拉底,或者红,或者东方和西方等等——
作一些断定,这些断定仅仅对于如此这般的东西或者概念为真,对
于其他则不然,这显然不是逻辑的本分。其中所有的命题都是完
全普遍的,或者说,其中所有的命题都是断定某个不含常项的命题
函项恒真的,这乃是逻辑的部分定义(但非全部定义)。不含常项
的命题函项我们将于最后一章讨论。目前我们要进而研究命题函
项的其他方面,即断定函项"有时真"或者说至少在一个实例中为
真这种语句。

　　当我们说"有人",这意思是说"x 是人"这命题函项有时真。
当我们说"有的人是希腊人",这意思是说"x 是人并且是一个希腊
人"这命题有时真。当我们说"吃人的人还存在在非洲"这意思是
说"x 是一个现在在非洲的吃人的人"这命题有时真;也就是说,这
命题对于 x 的某些值是真的。说"在世界上至少有 n 个个体"就
是说"α 是一个个体的类,并且是基数 n 的一个分子"这命题函项
有时真,或者也可以说,这命题函项对于 α 的某些值为真。当我

们必须指出什么变的成分被取作命题函项的主目时，以上那种表

160　达形式比较方便。例如上面的命题函项，我们可以把它缩短为"α

是一个 n 个个体的类"，其中包括两个变元 α 和 n。无穷公理用命

题函项的语言表达出来就是："命题函项'如 n 为一归纳数，则 α

为一 n 个个体的类对于 α 的某些值为真'对于 n 的一切可能的值

都是真的"。这里有一个从属函项"α 为一 n 个个体的类"，这函项

对于 α 而言**有时**真；至于如 n 为一归纳数则从属函项有时真这一

断定对于 n 而言**恒**为真。

　　说一个函项 ϕx 恒真这个语句是说非-ϕx 有时真这个语句的

否定，说 ϕx 有时真这个语句是说非-ϕx 恒真这个语句的否定。

因之"一切人都有死"这个语句是说"x 是一个不死的人"这一函项

有时真这个语句的否定。"有独角兽"这一语句是说"x 不是一个

独角兽"这一函项恒真这个语句的否定①。如果非-ϕx 恒真，我

们说 ϕx"绝不为真"或者"恒假"。我们可以随意取"常常"，"有时"

二者中之任一个为初始概念，用它和否定定义出另一个。因之如

果我们选定"有时"作为初始概念，我们可以定义"'ϕx 常为真'即

是'非-ϕx 有时为真是假的'"②。但是为了类型论方面的理由，

将"常常"和"有时"二者全取为初始概念比较适当，用它们再定义

出包含它们的命题的否定式。这也就是说，假定我们已经定义出

161（或者采用作初始概念）命题的否定式，这命题有一个类型，x 是属

于其中的，那么我们可以定义："'ϕx 常常如何'的否定式是'非-

---

①　推论方法见 *PM*, vol. i. ＊9。

②　为了语言上的缘故，其实说"ϕx 不常假"反较"ϕx 有时真"方便。

ϕx 有时如何'；而'ϕx 有时如何'的否定式是'非 $-\phi x$ 常常如何'"。类似地，以关于不含约束变元（apparent variables）* 的命题的定义和初始概念应用到包含约束变元的命题，我们可以重新定义析取式及其他真值函项。不含约束变元的命题称为"初等命题"（elementary propositions）。从这些简单的命题用以上所说明的方法，一步一步地我们可以达到真值函项的理论。这理论可应用于包含一个，两个，三个……或者任意 n 个变元的命题上去，这里 n 是任意一个指定的有穷数。

在传统的形式逻辑中认为最简单的命题形式其实是颇不简单的。所有这些形式都是关于一个复合命题函项的一切值或某些值的断定。试先从"所有的 S 都是 P"说起。假定 S 是由命题函项 ϕx 定义的，P 是由命题函项 ψx 定义的。例如，假使 S 是人，ϕx 就是"x 是人"；假使 P 是**有死的**，ψx 就是"有一个时候，x 会死"。于是"所有的 S 都是 P"的意义就是："'ϕx 蕴涵 ψx'常真"。注意"所有的 S 都是 P"不仅可应用于真正是 S 的那些东西上，对于不是 S 的那些东西也一样的可说。假定我们遇见一个 x，我们不知道它是否是一个 S；"所有的 S 都是 P"这一个语句仍然告诉了我们关于 x 的某些事实，这就是，如果 x 是一个 S，那么 x 是一个 P。这个语句在 x 不是一个 S 时和 x 是一个 S 时是同样地真，如果在两种情形下，不是同样地真，那么**归谬法**（reductio ad absurdum）就不会是一个有效的方法；因为这个方法的要点就在将蕴涵用于（随后

---

* 关于约束变元《数学原理》中的定义是：如一个命题具"所有 x，ϕx"或者"有 x，ϕx"这样的形式，其中的 x 就称为是一个约束变元。——译者

显现出)假的前提上。我们还可用另一种方法来说明这点。为了
了解"所有的 S 都是 P ",我们不必能将所有是 S 的东西一一列举
162 出来;假定我们知道何谓是一个 S,何谓是一个 P,即使我们对于二
者的实例知道得很少,我们仍能完全了解"所有的 S 都是 P"所真
正肯定的是什么。这表明不仅实际是 S 的那些东西与"所有的 S
都是 P"这语句有关,而且所有的说它是 S 有意义的那些东西都与
这语句有关,也就是,所有是 S 的以及不是 S 的东西——或者说,
所有属于某个特殊的逻辑类型的东西都与这语句有关。以上的理
论不仅适用于包含"**所有**"这词的语句,同样也适用于包含"**有的**"
这词的语句。比如"有人"的意思是"x 是人"对于 x 的某些值是真
的。此处 x 的所有的值(亦即,所有能使"x 是人"成为有意义的 x
的值,无论这意义是真还是假)都与以上的语句有关,不止事实上
真是人的东西才与这语句有关。(假使我们想想我们如何能够证
明这样一个语句是**假的**,那么需要 x 的一切值的理由自然明了。)
因之每一个关于"所有"或者"有的"的语句不仅涉及所有能使函项
为真的变元值,而且涉及所有能使函项有意义的变元值,涉及所有
能使函项有一值,无论是真还是假的、变元值。

　　现在我们可以进而解释旧形式逻辑的传统形式。假定 S 是所
有能使 ϕx 为真的那些项 x 的类,P 是所有能使 ψx 为真的那些项
x 的类(在下一章中我们将要看到所有的类都是依这种方式从命
题函项导出的),那么就有:

　　"所有的 S 都是 P"的意思就是"'ϕx 蕴涵 ψx'恒真"。

　　"有的 S 是 P"的意思就是"'ϕx 且 ψx'有时真"。

　　"没有 S 是 P"的意思就是"'ϕx 蕴涵非 $-\psi x$'恒真"。

"有的 S 不是 P"的意思就是"'ϕx 且非 $-\psi x$'有时真"。

注意：此处所说的对于所有的值或某些值而断定的命题函项不是 ϕx 和 ψx 自身，而是对于 x 的同一个值而言的 ϕx 和 ψx 的真值函项。要明白以上所说最容易的方法是不从一般形式的 ϕx 和 ψx 开始，而是从 ϕa 和 ψa 着手，这里的 a 乃是某个常项。假使我们讨论的是"一切人是有死的"这个命题，我们先从

"如果苏格拉底是人，苏格拉底是有死的"

开始，然后有"苏格拉底"出现的地方用一个变元 x 替换，于是得到"如果 x 是人，x 是有死的"。虽然 x 是一个变元，没有任何确定的值，但当我们断定"ϕx 蕴涵 ψx"常真时，在"ϕx"中和在"ψx"中 x 要有同一的值，这就需要我们从其值为"ϕa 蕴涵 ψa"的函项入手，而不是从两个分离的函项 ϕx 和 ψx 入手；假若我们从两个分离的函项入手，我们绝不能保证这一点：一个尚未规定的 x 在两个函项中有同一的值。

为简单起见，当我们的意思是"ϕx 蕴涵 ψx"恒真时，我们说"ϕx 恒蕴涵 ψx"。"ϕx 恒蕴涵 ψx"这种形式的命题称为"形式蕴涵"（formal implication）；这名称也可用于变元不只是一个的命题。

以上的定义表明"所有的 S 都是 P"这样的命题远非最简单的形式，而传统逻辑却以这种命题为起点。传统逻辑将"所有的 S 都是 P"看成与"x 是 P"为同一种形式的命题——例如，传统逻辑将"所有的人都是有死的"和"苏格拉底是有死的"作为同一种形式看待——传统逻辑之缺少分析，这是典型的一例。从以上所说，我们已经知道，前一命题具"ϕx 恒蕴涵 ψx"的形式，而后者所有的形式乃是"ψx"。将这两种形式着重分开的是皮亚诺和弗芮格，这种分

163

辨在符号逻辑中是一个极其重要的进步。

我们还可以看出"所有的 S 都是 P"和"没有 S 是 P"其实在形式上并没有分别,唯一的不同是将 ψx 换成非 $-\psi x$。"有的 S 是 P"和"有的 S 不是 P"的情形也一样。如果我们采取这样的见解:像"所有的 S 都是 P"这样的命题并不包含 S"存在",亦即,并不要求真有东西是 S,这个见解在学术上是唯一可取的见解,根据这见解,我们还可看出传统的换位规则是错的。以上的定义导致一个结果,就是,假使 ϕx 恒假,即,假使没有这样的一个 S,那么无论 P 是什么,"所有的 S 都是 P"和"没有 S 是 P"两个全真。因为按照上章的定义,"ϕx 蕴涵 ψx"的意义就是"非 $-\phi x$ 或者 ψx",如非 $-\phi x$ 恒真,"非 $-\phi x$ 或 ψx"也恒真。乍看起来,这个结果会使读者要求不同的定义,但是一点点的实际经验告诉我们,任何其他的定义都不适用并且会将重要的思想隐蔽起来。"ϕx 恒蕴涵 ψx,并且 ϕx 有时真"这命题实质上是复合的,以它作为"所有的 S 都是 P"的定义会使用不便,因为这样一来,我们将没有话去表示"ϕx 恒蕴涵 ψx",而需用后者的时候又比需用前者的时候多百倍。根据我们的定义,"所有的 S 都是 P"并不蕴涵"有的 S 是 P",因为前者允许 S 不存在,而后者是不允许 S 不存在的;于是"所有 S 都是 P,所以有的 P 是 S"这样的换位不能成立,并且有些三段论的式是错误的。例如第三格的 Darapti:"所有的 M 都是 S,所有的 M 都是 P,因此有的 S 是 P"在没有这样的 M 时就不能这样推论。*

164

---

* 关于传统逻辑中主词存在问题的讨论请参考金岳霖同志著《逻辑》第二部:对于传统逻辑的批评,A,A,E,I,O 的解释问题,和 B. 各种不同解释之下的对待关系,八五————九页。——译者

"存在"这概念有几个形式,下章我们将讨论其中之一;至于最基本的形式乃是从"有时真"这概念直接推导出来的。如果 ϕa 真,我们说 a "满足"函项 ϕx;这和说一个方程式的根满足这方程式的意思一样。现在若 ϕx 有时真,我们可以说有 x 能使 ϕx 为真,或者说,"有满足 ϕx 的变元值存在"。这是存在这词的基本意义。其他的意义或是从这个意义导出的或者只是些思想混乱的体现。比如我们可以很正确地说:"人存在",这话的意思就是"x 是人"有时真。但若我们作出一个假的三段论:"人存在,苏格拉底是人,所以苏格拉底存在。"我们所说的实在毫无意义。因为"苏格拉底"不是像"人"一样对于一给定的命题函项而言只是一个未经规定的变元值。这种推论的谬误和后面的完全相像:"人是很多的,苏格拉底是人,所以苏格拉底是很多的。"在这个例子中,结论显然是没有意义的,但是在存在的情形下就不这么明显,其理由我们将在下章详加讨论。目前我们仅注意这个事实:虽然说"人存在"是正确的,但是将存在归之于适巧是人的一个已知的特殊的 x,则是不正确的或者无意义的。一般地说"满足 ϕx 的一些项存在",意思就是"ϕx 有时真";但是"a 存在"(a 是满足 ϕx 的一个项)这句话说来有声,写来有形,却是缺少任何意义。将这简单的谬误牢记心中,我们会发现我们能解决关于存在的意义的许多古代哲学上的难题。

此外尚有一类概念,关于这些概念的讨论由于没有把命题和命题函项完全分开,哲学也曾使自己陷入无望的混乱之中。这类概念就是:"模态"(modality)的概念,**必然**,**可能**和**不可能**(有时**偶然**或**实然**被用来代替**可能**)。传统的见解,在真命题中有些是必然

165

的,另一些则只是偶然的或实然的,在假命题中有些是不可能的,即,和它们相矛盾的命题是必然的,而另一些则只是偶然不真。然而事实上必然概念对于真假概念并没有增益明显的说明。在命题函项的情形下三分法是明显的:如 ϕx 是某个命题函项的一个尚未规定的值,若函项恒真,它是**必然的**,若函项有时真,它是**可能的**,若函项绝不为真,它是**不可能的**。这种情形在研究或然率时常常遇见。假定一个球 x 从盛有许多球的袋中取出:若所有的球全是白的,"x 是白的"是必然的;若有些球是白的,"x 是白的"是可能的;若没有一个球是白的,"x 是白的"是不可能的。此处关于 x 所**知道**的是它满足某个命题函项,即,"x 是袋中的一个球"。这是或然率问题中的一个普遍情形,在实际生活中也很普通——例如,一个带了一封我们的朋友某某的介绍信,此外对他个人我们毫无所知的人来拜访我们时的情形。在所有这类情形中就像论及一般的模态一样,命题函项是有关的。在许多不同的方面,为了清晰地思想,将命题函项和命题严格地分开这种习惯是极其重要的,过去没有做到这一点对于哲学是一个遗憾。

第十六章　摹状词

前一章我们讨论了两个词**"所有"**和**"有"**；本章我们要讨论的词是：单数的"那"，也就是**"那个"**，下章我们要讨论的词是：多数的"那"，也就是"那些"。用两章的篇幅讨论一个词，或者令人觉得过分，但是这词对于研究数理哲学的人实在是很重要的。像勃朗宁（Browning）诗中的文法家研究字尾 $\delta \in$ 一样，即使作者身陷囹圄，并且下肢瘫痪，作者也要固守这一点不苟且的精神，对于这词语作一番严格的探讨。

我们曾经有机会提到"摹状函项"，也就是"那个是 x 的父亲的人"，或"那个是 x 的正弦的数"这样的词组。要定义摹状函项先须定义"摹状词"。

摹状词可能有两种：限定的和非限定的。一个非限定的摹状词是一个这种形式的词组："一个某某"；一个限定的摹状词是一个这种形式的词组："那个某某"。让我们先从前者说起。

"你遇见了谁？""我遇见了一个人"。这就是一个很不确定的摹状词，符合我们的用语习惯。我们的问题是：当我们说"我遇见了一个人"时我们真正断定的是什么？此刻暂且让我们假定我们所断定的是真的，并且事实上我遇见了琼斯。显然我所断定的**不是**"我遇见了琼斯"。我可以说："我遇见了一个人，但并不是琼斯。"在这种情形下，虽然我说了谎，我并不和我自己相矛盾，不像 168

这样的情形:当我说我遇见了一个人时我的真意是指我遇见了琼斯,在这个情形下我才是自相矛盾的。即使听我这话的人不曾听到过琼斯显然也能了解我所说的。

我们还可进一步说,当我们说"我遇见了一个人"时,不但这人不是琼斯,而且根本没有这样一个实在的人像话里所说的,这一点当话假时是很显然的,因为话若不真,不但琼斯不能是话中之人,无论谁也不能是话中之人。即使根本没有这样的一个人,这话虽不可能真,但是仍然是有意义的。如果我们知道什么是一个独角兽或者一个海蛇,也就是,这两个怪诞的巨物的定义是什么,"我遇见了一个独角兽"或者"我遇见了一个海蛇"也是完全有意义的。这样的命题所含的只是我们称之为**概念**的东西。例如在独角兽的情形中,只有概念,没有什么冥冥之中的、不实在的可以称为是"一个独角兽"的东西。因为说"我遇见了一个独角兽"是有意义的(虽则是假的),所以正确地分析起来,很明显,这个命题虽然的确含有"独角兽"的概念,可并不包含"一个独角兽"作为一个构成的成分。

这里我们所遇到的"虚构的事物"(unreality)的问题是一个非常重要的问题。曾经讨论这问题的大部分逻辑学家在讨论这问题时都是被文法误引入了歧途。他们过于看重文法形式,过于把它当作分析中的一个比较可靠的向导。他们不知道文法形式方面的什么差异是重要的,"我遇见了琼斯"和"我遇见了一个人"在传统的眼光看来,是同一种形式的命题,实际上它们具有全然不同的形式:第一个命题指出了一个实际的人,琼斯;第二命题则包含一个命题函项,明白表示出来,就是:"'我遇见了 x 并且 x 是人'这命题函项有时真。"(记住对于"有时"的用法,我们采取这样一个惯例就是它不一定是不止一次。)这个命题显然不是具有这样一个形式"我遇见了 x"。尽管没有"一个独角兽"这样一个东西,可是"我遇见了一个独角兽"这个命题仍然存在,这理由可由"我遇见了 x"解释。 169

由于没有命题函项这个利器,许多逻辑学家被迫得出一个结论:有虚构的对象。例如梅农(Meinong)①就是这样地申辩,我们能够谈论"金的山""圆的方"等等,我们能够作出以它们为主词的真命题;所以它们必是某种逻辑上的实在,否则,它们出现于其中的命题会是没有意义的。在作者看来,这种理论的谬误在于对实在的感知不足,即使在最抽象的研究中这种感知也应当保持。作者主张,动物学既不能承认独角兽,逻辑也应该同样地不能承认,因为逻辑的特点虽然是更抽象、更普遍,然而逻辑关心实在世界也和动物学一样的真诚。说独角兽存在于文章中,存在于文学中,或者存在于幻想中,是一个非常可笑的,没有价值的遁辞。在文章中存在的并不是一个血肉做成的,能自动行动,有呼吸的动物。存在的只是一个图像,或者文字的描述。同样地,如果主张哈姆雷特(Hamlet)存在在他自己的世界中,即,存在在莎士比亚幻想的世界中,就像拿破仑存在在通常的世界中一样地真实,这种说法不是有意惑人,便是不堪信任的糊涂话。只有一个世界,这就是"实在的"世界:莎士比亚的幻想是这世界的一部分,在写哈姆雷特时他所有的思想是实在的。在读这剧本时,我们所有的思想也是实在

---

① 《对象理论和心理学的研究》(*Untersuchungen zur Gegenstandstheorie und Psychologie*),1904。

的。只有在莎士比亚以及读者心中的思想,情绪等等是实在的,此外并没有一个客观的哈姆雷特,这是虚构事物的本质。当我们考虑历史学家和读史者心中所有的由拿破仑引起的各种情绪时,我们并不曾接触到拿破仑本人;但在哈姆雷特的情形下,我们所接触的正是他,哈姆雷特,除此而外,没有什么留下来。假使没有人想到哈姆雷特,就无所谓哈姆雷特;假使没有人想到拿破仑,拿破仑马上会设法使人想到他自己。实在的意识在逻辑中很重要,谁玩弄戏法,佯称哈姆雷特有另一种实在,这是在危害思想。在正确地分析有关假对象(pseudo-object)的命题时,所谓假对象即独角兽,金的山,圆的方等等,对于实在的健全意识是必需的。

遵从实在的意识,我们要坚持:在命题的分析中,不能承认"不实在"的东西。但是可能有人问,假若没有不实在的东西,我们如何毕竟承认了不实在的东西?回答是这样的:在处理命题时,我们首先从符号入手,假使我们将意义赋予了本来是没有意义的符号群上去,只有在我们把它们当作对象来描述这样的意义下,我们才陷入了错误。在"我遇见了一个独角兽"这命题中,几个字一起作成一个有意义的命题,"独角兽"这三字本身也有意义,和"人"这字是有意义的一样。但是"一个独角兽"这五个字却没有它自己的意义。是以如果我们将意义误加到这五个字上,我们会为"一个独角兽"所困,会遇到一个问题,在一个没有独角兽的世界上如何可能有这样的一个东西。"一个独角兽"是一个形容什么也没有的非限定摹状词,而不是一个形容某个不实在的东西的非限定摹状词。只有当 x 是一个限定的或非限定的摹状词时,像"x 是不实在的"这样的命题才有意义;在这个情形下如果"x"是一个摹状什么也没有的摹状词,这个命题为真。但是不论摹状词"x"是摹状某个东西或摹状什么也没有,总之,它都不是它出现于其中的命题的成分;就如当前的例子,"一个独角兽"不是一个有它自己的意义的几个字。因为当"x"是一个摹状词时,"x是不实在的"或者"x不存在"都不是没有意义的,而是有意义的,并且有时为真。

现在我们可以进而一般地定义包含非限定摹状词的命题的意 171 义。假定我们要对于"一个某某"作出某个陈述,此处的"某某"乃是有某一个性质 ϕ 的一些对象;亦即,是某些对象 x,对于这些 x 而言,命题函项 ϕx 为真。(例如,若我们取"一个人"作为"一个某某"的一例,ϕx 就是"x是人"。)让我们现在对于"一个某某"断定一个性质 ψ,也就是,断定"一个某某"有 ψx 真时 x 所有的性质。(例如在"我遇见了一个人"的例子中,ψx 就是"我遇见了 x"。)现在"一个某某"有性质 ψ 这个命题不是具有"ψx"形式的一个命题。如若这命题的形式就是"ψx",那么"一个某某"会是某个适当的 x;虽然(在一种意义上)在某种情形下这可能是真的,但在"一个独角兽"这样的情形下确实不是真的。正因为这个事实,说一个某某有性质 ψ 的语句不具有"ψx"的形式,"ψx"这形式在一个确实清晰可以定义的意义上使得可能"一个某某""不实在"。我们要做出的定义如下:

"一个有性质 ϕ 的对象有性质 ψ"这样的一个语句,其意义就是:

"ϕx 和 ψx 的联合断定不常假"。

就逻辑而论,这个命题和可以用"有的 ϕ 是 ψ"表达的命题是同一的命题;但就修辞学说,其间有一个差别,因为在一个情形下提出了单数,而另一个情形是多数,然而这不是要点。要点是,在正确地分析时,我们会发现一些命题字面看来似乎是有关"一个某某"的,实际并不包含这几个字所表示的东西作为成分。这就是为什么,即使没有这样的"一个某某",而这样的命题能够是有意义的。

应用于非限定摹状词的**存在**的定义是从上章末尾所说的引起的。如果命题函项"x 是人"有时真,我们说"人存在"或者"一个人存在";一般地,如果"x 是某某"有时真,我们说"一个某某存在"。我们也可以用另外的话来说明,"苏格拉底是一个人"其真假值无疑地与"苏格拉底是人"的真假值**相等**,但是前一命题并不就是后一命题。"苏格拉底是人"中的"**是**"表示主词和谓词之间的关系,而"苏格拉底是一个人"中的"**是**"表示等同。两个全然不同的概念,随意用一个"是"字来表达,这是一种憾事——这种憾事符号逻辑的语言当然要补救。在"苏格拉底是一个人"中的等同乃是名字称呼的对象(在一种限制下我们承认"苏格拉底"是一个名字,这限制以后解释)和一个非限定地摹状的对象之间的等同。如果至少有一个"x 是一个某某"这样形式的真命题,此处"x"是一个名字,那么一个非限定摹状的对象"存在"。非限定摹状词(和限定摹状词相反)的特征就是:可能有任何数目像以上那种形式的真命题——苏格拉底是人,柏拉图是人,等等。因此"一个人存在"可以从苏格拉底,或者柏拉图,或者别的任何人得出。反之,至于限定摹状词,就以与以上命题形式相应的形式"x 是那个某某"(此处的"x"也是一个名字)而论,这个命题函项最多只对 x 的一个值为真。由此我们可以进而讨论限定摹状词,限定摹状词将用类似于非限定摹状词所使用的方法来定义,但是要复杂得多。

现在我们才谈到本章的主题,即,"**那个**"的定义。在"一个某某"的定义中有很重要的一点,这一点将同样地应用于"那个某某";我们要得出的定义是其中有这个词组出现的命题的定义,而不是这个词组本身单独的定义。在"一个某某"的情形中,非常明显的,没有一个人会假定"一个人"是一个确定的对象,可以就其本身来定义。苏格拉底是一个人,柏拉图是一个人,亚里士多德是一个人,但是我们不能推论"一个人"的意义和"苏格拉底"的意义一样,和柏拉图的意义一样,以及和亚里士多德的意义一样,因为这三个名字有不同的意义。在我们列举出世界上所有的人以后,没有人剩下来,对于他我们可以说"这是一个人,不仅此,而且他是**那**'一个人',一个典型的实体,不是任何特殊的个人,而是一个不定的人"这样的话。世界上所有的不论什么东西都是确定的,如果是一个人,必是一个确定的人,不是任何别的人,这自然是十分明显的。是以世界上我们找不到与特殊的个人不同的"一个人"这样的一个实体。因此我们不定义"一个人"本身,而只是定义它出现于其中的命题,这样做是很自然的。

在"那个某某"的情形下,虽然第一眼看来似乎较不明显,其实情形也是一样。我们试讨论一个**名字**和一个**限定的摹状词**之间的区别,可以证明就是如上所说的情形,举"斯科特(Scott)是那个写《瓦弗利》(*Waverley*)的人"为例。在这命题中我们有一个名字"斯科特"和一个摹状词"那个写《瓦弗利》的人",我们断定这个摹状词与"斯科特"指同一个人。一个名字和所有其他符号的分别可以解释如下:

　　一个名字乃是一个简单的符号,它的意义是只能作为主词出现的东西,亦即,我们在第十三章中定义的一个"个体"或者"特殊的东西"。所谓一个"简单的"符号乃是其部分不再是符号的符号。(译者按:为符合中文的情形,我们可以详细一点说,即使有成为符号的部分,原来符号的意义与这些部分的意义也不全同)。因之"斯科特"是一个简单的符号,虽然它有部分(亦即,"斯","科","特"),这些部分的意义与原来的意义无关。而在另一方面,"那个写《瓦弗利》的人"不是一个简单的符号,构成这个词组的部分是符号,且有它们自己的意义,在整个词组中,它们的意义完全保留。如果所有现在看来似乎是一个"个体"的东西都可以进一步分析,那么我们不得不满足于这些可以称为"相对的个体"的东西。在讨论的整个上下文中,它们是不再分析,且只作为主词出现的项。同时相应地,我们也不得不满足于"相对的名字"。我们现在的问题

174是摹状词的定义,从这个问题的立场看,是否这些名字是绝对的或者只是相对的,这个问题我们可以置之不问,因为这问题牵涉到"类型"层次的不同阶段,而我们所比较的只是"斯科特"和"那个写《瓦弗利》的人",二者是应用于同一对象,不致引起类型的问题。所以目前我们可以姑且假定这些名字都是绝对的;以下我们所要说的并不依赖于这个假定,但是我们不说"相对的名字",只说"名字"可以稍省一两个字。

　　于是,我们有两种东西要比较:(1)一个**名字**。一个名字乃是一个简单的符号,直接指一个个体,这个体就是它的意义,并且凭它自身而有这意义,与所有其他的字的意义无关;(2)一个**摹状词**。一个摹状词由几个字组成,这些字的意义已经确定,摹状词所有的

意义都是从这些意义而来。

包含一个摹状词的命题和以名字替换命题中的摹状词而得的命题不是相同的,即使名字所指的和摹状词所描述的是同一个对象,这两命题也不一样。"斯科特是那个写《瓦弗利》的人"和"斯科特是斯科特"显然是不同的两个命题,前者是一个文学史上的一个事实,而后者是一个平凡的自明之理。如果我们将斯科特以外的任何人置于"那个写《瓦弗利》的人"的位置上,我们的命题便是假的,因而无疑地二者不是同一的命题。但是,或者有人会说,我们的命题本质上和如下形式的命题,譬如说,"斯科特是斯科特爵士"一样,在这命题中两个名字却是用于同一个人。我们的回答如后:如果"斯科特是斯科特爵士"所说的真是"'斯科特'这名字所指的人就是'斯科特爵士'这名称所指的人",那么这两名字都是用作摹状词;也就是说,个体并没有被指称而是被描述为具有那个名字的人。实际上名字经常就是这样使用的,并且一般地,在表达方式上没有任何东西表明是否它们作这种用法,或者用作名字。如果当一个名字只是直接地仅仅用来指我们所说的,它不是我们所断定的**事实**的一部分,如果我们的断定碰巧是假的,它也不是假的一部分,它仅仅是我们用来表达我们的思想的符号表示的一部分。我们所要表达的是可以翻译成外国语言的,所以对于我们所要表达的,语言只是媒介,而不是其中的一部分。相反地,当我们关于叫作"斯科特"的人作出一个命题时,"斯科特"这真正的名字不只是用来作出断定的文字的一部分,而且是我们的断定的一部分。假使我们将"称为'斯科特爵士'的人"代入,所得的命题便不相同。但是只要我们把名字用作名字,无论我们说"斯科特"或者"斯科特爵士"对于我们所断定的无关，正如无论我们是说法语或者是说英语无关一样。因之只要名字用作名字，"斯科特是斯科特爵士"和烦琐的命题"斯科特是斯科特"一样。这证明了"斯科特是那个写《瓦弗利》的人"和另一个以不论什么名字代替"那个写《瓦弗利》的人"所得的命题是不相同的。

当我们使用一个变元，并且谈到一个命题函项，譬如说 ϕx 时，把关于 x 的一般语句应用到特殊情形，这一个过程就是以一个名字来代替"x"，假定 ϕ 是一个以个体作为其主目的函项。假定 ϕx"恒真"；并且令它即是"同一律"，$x = x$。那么我们可以随意取一个名字来代入"x"而得到一个真的命题。假定"苏格拉底"，"柏拉图"和"亚里士多德"都是名字（这是一个非常轻率的假定），从同一律我们可以推论苏格拉底是苏格拉底，柏拉图是柏拉图和亚里士多德是亚里士多德。但若此外没有任何前提，而我们想推论出那个写《瓦弗利》的人是那个写《瓦弗利》的人时，我们就犯了一个错误。这是从我们适才的证明得出来的，我们适才证明：如果我们以一个名字来替换一个命题中的"那个写《瓦弗利》的人"时，所得到的是一个不同的命题。这也就是说，应用以上的结果到我们当前的情形：假若"x"是一个名字，那么，不论"x"是什么名字，"$x = x$"和"那个写《瓦弗利》的人是那个写《瓦弗利》的人"不是相同的命题。因此从"$x = x$"这样形式的一切命题全真这个事实我们不能毫无困难地推论"那个写《瓦弗利》的人是那个写《瓦弗利》的人"。事实上，"那个某某是那个某某"这样形式的命题不是恒真的，欲其常真必需：那个某某存在（这里所谓的存在我们就要解释）。那个法国的当今国王是那个法国的当今国王，或者，那个圆的方是那个圆的方乃是假的命题。当我们以一个摹状词来替换一个名字时,如摹状词摹状没有的东西,恒真的命题函项可能变成假的。一旦我们认识到(前段证明的)以一个摹状词代入而得到的命题并非原来命题函项的值,这就没有什么神秘。

现在我们可以定义其中有限定摹状词出现的命题。"那个某某"和"一个某某"的唯一不同处在唯一性。我们不能说"那个伦敦的居民",因为在伦敦居住并非是一个唯一的性质。我们不能说"那个法国当今的国王",因为并没有一个法国当今的国王;但是我们可以说"那个英格兰当今的国王"。是以关于"那个某某"的命题常常蕴涵相应的关于"一个某某"的命题,此外再加上一点:没有一个以上的某某。如果《瓦弗利》不曾写出来或者《瓦弗利》是由几个人写出来的,像"斯科特是那个写《瓦弗利》的人"这样的命题就不会真。同样地,将一个命题函项中的 x 代以"那个写《瓦弗利》的人"而得到的命题也不真。我们可以说"那个写《瓦弗利》的人"的意义就是"那个使'x 写《瓦弗利》'真的 x 的值"。是以"那个写《瓦弗利》的人是苏格兰人"这个命题包含: ¹⁷⁷

(1)"x 写《瓦弗利》"不恒假;

(2)"如果 x 和 y 写《瓦弗利》,那么 x 和 y 等同"恒真;

(3)"如果 x 写《瓦弗利》,那么 x 是苏格兰人"恒真。

这三个命题翻译为普通的语言就是:

(1)至少有一个人写《瓦弗利》;

(2)至多有一个人写《瓦弗利》;

(3)谁写《瓦弗利》谁就是苏格兰人。

这三个命题全为"那个写《瓦弗利》的人是苏格兰人"所蕴涵。反之,以上三个命题一起(任何两个都不)蕴涵"那个写《瓦弗利》的人是苏格兰人"。因此三个命题一起可以作为"那个写《瓦弗利》的人是苏格兰人"这命题的定义。

我们可以略微化简这三个命题。第一个和第二个一起,其真假值等于"有一项 c,使得 x 是 c 时,'x 写《瓦弗利》'真,x 不是 c 时,'x 写《瓦弗利》'假"的真假值,换句话说也就是,"有一项 c,使得'x 写《瓦弗利》'的真假值恒等于'x 是 c'的真假值。"(这里所谓两个命题的真假值相等就是说二者全真,或二者全假。)这里我们必须从 x 的两个函项开始,"x 写《瓦弗利》"和"x 是 c",对于 x 的一切值这两函项的真假值恒相等,就这点而言,我们作成一个 c 的函项;于是我们断定所得到的 c 的函项"有时真",即,至少有一个 c 的值使这函项为真。(显然没有一个以上的 c 的值能使函项真。)这两个条件加在一起就作成"那个写《瓦弗利》的人存在"的定义。

现在我们可以定义"那个满足 ϕx 的项存在"。以上的命题是这普遍形式的一个特例。"那个写《瓦弗利》的人"就是"那个满足函项'x 写《瓦弗利》'的项"。一般而论,"那个某某"常涉及某个命题函项,即,涉及一个性质的定义,这性质使一个东西成为一个某某。我们的定义如下:

"那个满足函项 ϕx 的项存在"的意义是:

"有一项 c,使得 ϕx 的真假值和'x 是 c'的真假值恒相等。"

为了定义"那个写《瓦弗利》的人是苏格兰人"我们还要考虑到以上第三个命题,就是,"谁写《瓦弗利》谁就是苏格兰人"。只要再加上一点:所说的 c 要是苏格兰人就行了。因之"那个写《瓦弗利》的人是苏格兰人"是：

　　"有一项 c 使得(1) x 写《瓦弗利》的真假值恒等于'x 是 c'的真假值,(2) c 是苏格兰人"。

一般地,"满足函项 ϕx 的项满足 ψx"定义为：

　　"有一项 c ,使得(1) ϕx 的真假值恒等于'x 是 c'的真假值,(2) ψc 真"。

这就是其中有摹状词出现的命题的定义。

　　很可能关于被摹状的项我们知道得很多,或者说,我们知道许多关于"那个某某"的命题,但是对于"那个某某"实际上是什么我们却不知道,或者说,不知道任何具有"x 是那个某某"这种形式的命题,此处"x"是一个名字。在一个侦探故事里,关于"那个做那件事的人"的命题积累了许许多多,为了最终它们足够证明做那件事的那个人是 A。我们甚至可以说,在所有能用文字表达出来的知识中——"这个"、"那个"以及其他少数几个字除外,因为这些字的意义在不同的情形下可以改变——严格地说,没有一个名字出现,看来似乎是名字的其实都是摹状词。我们可以就意义来研究,是否荷马存在,但若"荷马"是一个名字时,我们就不能这样做。无论是真是假"那个某某存在"这命题总是有意义的;但若 a 是那个某某(此处"a"是一个名字),"a 存在"这几个字就没有意义。存在只有用于摹状词——限定的或非限定的——才有意义;因为如果"a"是一个名字,它**必**指某个东西,不指任何东西的不是一个名字,如若有意把它作为一个名字用,那么它是没有意义的符号;一个摹状词,像"那个法国的当今国王"不会仅仅因为它不摹状任何东西而变成没有意义的,原因是它是一个**复合**的符号,它的意义是

179

从组成它的符号的意义得来的。所以当我们问荷马是否存在时，我们是把"荷马"用作一个缩短的摹状词，我们可以用另一个摹状词来代替它，譬如"那个作伊利亚德和奥德赛的人"。几乎所有看来是专有名词的都可以这么考虑。

当摹状词出现于命题中时，我们必须分别所谓"主要的出现"（primary occurrence）和"次要的出现"（secondary occurrence）。其抽象的分别如后：如果一摹状词出现于其中的命题是从某个命题函项 ϕx 将其中的"x"代以摹状词而得到的，那么这摹状词称为在这命题中有一个"主要的"出现；如果将 ϕx 中的 x 代以这摹状词后所得的只是原有命题的**一部分**，那么这摹状词称为在这命题中有一个"次要的"出现。一个实例可以把这分别解释明白：以"那个法国的当今国王是秃子"而论，"那个法国的当今国王"在这命题中有一个主要的出现，并且这命题是假的。每一个命题，如果在其中一个摹状词有一个主要的出现，然而这摹状词并不摹状什么东西，那么这命题是假的。现在再就"那个法国的当今国王不是秃子"而论。究竟命题中的摹状词有一个主要的出现还是一个次要的出现是含糊的，如果我们原有"x 是秃子"，然后以"那个法国的当今国王"代入"x"，然后再否定这结果，那么"那个法国的当今国王"的出现是次要的，并且命题为真；但若我们原有的是"x 不是秃子"，而后"x"代以"那个法国的当今国王"，那么"那个法国的当今国王"的出现是主要的，并且命题为假。有关摹状词的谬误都源于对主要的和次要的出现的混淆不清。

180　　　在数学中摹状词主要的是出现于**摹状函数**的形式中，即是，"那个对 y 有 R 关系的项"，或者从"那个是 y 的父亲的人"以及其

他相似的词组类推,我们可以说"那个 y 的 R 关系者"。说"那个
是 y 的父亲的人是富有的",所说的就是如后的 c 的命题函项:"c
是富有的,并且'x 生 y'的真假值恒等于'x 是 c'的真假值"是"有
时真",亦即,至少对于 c 的一个值为真。这个命题函项显然对于
c 的一个以上的值不真。

　　至此为止,摹状词的理论本章已经概要地说明。这个理论在
逻辑和认识论中都极重要。但是为了数学方面的目的,理论中哲
学意味较重的部分不太重要,我们的目的既是限于纯数学的需要,
因此在以上的说明中那些部分都被略去。

第十七章　类

本章我们要讨论多数的"**那**"：那些伦敦的居民，那些富人的儿子们，等等。换句话说，也就是我们要讨论类。在第二章中我们已经知道一个基数定义为一个类的类，并且在第三章中我们已经知道数 1 定义为所有单一的类的类，亦即，所有只有一个分子的类的类，后面一个说法有恶性循环的语病，我们不用。当然，在定义数 1 为所有单一的类的类时，我们必须定义出"单一的类"(unit class)，而不假定我们已经知道什么是"一"：事实上我们定义"单一的类"所用的方法和定义摹状词的十分类似，那就是：如果命题函项"'x 是一个 α'的真假值恒等于'x 是 c'的真假值"（我们把这函项看为 c 的一个函项）不常假，或者，用更普通的话说，如果有一项 c，使得在 x 是 c 时且只有在 x 是 c 时，x 是 α 的一分子，那么类 α 称为是一个"单一的"类。假使我们已经知道一般地一个类是什么，以上的叙述就是一个单一类的定义。直到现在为止，在讨论算术时，我们一直把类看作是一个初始的概念。但是即使不为其他的缘故，就以第十三章所列出的理由来说，我们不能承认"类"是一个初始概念。我们必须以得出摹状词的定义的同一方针得出类的定义，也就是要得出这样的一个定义：它将意义赋予一些命题，在这些命题的文字或符号的表达式中有明显地表示类的词或符号出现，但是将这些命题作一个正确的分析，定义所

赋予的意义将凡是提到类的全都消去。于是我们能说类的符号只是 182
方便，并不代表称作"类"的对象，而且类事实上像摹状词一样是逻辑
的虚构，或者用我们的话说"不完全的符号"（incomplete symbol）。

　　类的理论没有摹状词的理论那么完备，有几点理由（我们将概
括地陈述）使我们认为将要提出的类的定义不是最终使人满意的。
似乎还需要使它进一步的精致；但是另一方面我们也很有理由认
为这定义近似正确，并且是根据一个正确的方针。

　　第一件须认清的事是：为什么类不能认为是世界上最终的内
容。这句话的意义我们很难精确地解释，但是它所蕴涵的一个推
论或者可能说明它的意义。假使我们有一个完备的符号语言，在
这语言里每个可能定义的东西都有定义，每个不可能定义的东西
也有未定义的符号表示，未定义的符号所代表的就是我们所谓的
"世界上的最终内容"。作者认为无论是代表一般的类的符号或者
是代表特殊的类的符号都不得列入未定义的符号中。相反地，世
界上所有的特殊事物的名字都要列入未定义的符号中。我们试用
摹状词看能否避免这个结论。就以"恺撒死前所见的那个最后的
事物"为例。这是某个特殊东西的摹状词；我们可以用它（在一个
完全合法的意义上）作为这个特殊东西的**定义**。但若"a"是这特
殊东西的一个**名字**，有 a 出现的一个命题和将这命题中的"a"代
以"恺撒死前所见的那个最后的事物"所得的命题（从上章我们已
经知道）是并不相同的。如果我们的语言不包含这个名字"a"或
者这个特殊东西的某个其他名字，那么我们将没有办法表达那以
"a"表达的命题，这和以摹状词表达的命题正好相反。是以摹状
词不能使一个完备的语言省去所有特殊东西的名字。就这方面 183

说，我们主张类与特殊东西不同，不需以未定义的符号来表达。我们的第一件工作就是说明这个主张的几点理由。

我们已经知道类不能看为是一种个体。原因是：如果类当作个体，就会有"自己不是自己的分子"的矛盾（见第十三章），并且我们能够证明类的数大于个体的数。

我们不能从**纯**外延的观点看，以为类只是一堆东西，聚集起来的东西。如果我们这样看待，我们将不能了解如何可能有像空类这样的类，空类根本没有分子，不能看作是"一堆东西"；此外我们也很难了解，为什么只有一个分子的类和它那唯一的分子不等同。作者并非要肯定或者否定有像"一堆东西"这样的实体。作为一个数理逻辑学家，作者本无需对于这点发表意见。作者所主张的是，如果有"一堆东西"这样的东西，我们不能将这一堆东西与这一堆的组成成分所构成的类看作是等同的。

如果我们想把类等同于命题函项，我们将更接近于一个满意的理论。像我们在第二章里所解释的，一切类都为某个命题函项所定义，这些命题函项对于类的分子为真，对于其他的东西是假。可是假使一个类可以用一个命题函项来定义，它也可用任何其他的命题函项来定义，只要这命题函项在前一命题函项为真时也真，前一命题函项是假时也假就成。为了这个缘故，我们不能说类等同于任何一个这样的命题函项，而不等同于任何其他的命题函项——给定一命题函项，常有许多其他的命题函项和它的真假值一致，在给定函项真时，其他的也真，在给定函项假时，其他的也假。如果两个命题函项有这样的情形，我们称这两命题函项为"形式等

价"（formally equivalence），两个命题同真同假时，我们称这两**命**

题的真假值相等或等价；两个命题函项 ϕx, ψx 恒等价，这两函项就是形式等价。因为有许多函项和一给定函项形式等价，因此不可能把一个函项等同于一个类；我们希望的是没有两个不同的类有完全相同的分子，所以两个形式等价的函项必将决定同一个类。

我们已经判明类和它们的分子不可能是同一种东西，并且它们不可能只是一堆东西，它们不可能等同于命题函项，如果它们又不只是符号的虚构，那么很难看出它们能是什么东西。假使我们能够找到将它们作为符号的虚构来处理的任何方法，我们便增加了我们的处境的逻辑保证，我们不会在假定有类的同时被迫作相反的假定，没有类，我们避免了两个假定。这是奥卡姆（Occam）的安全剃刀的一例，奥卡姆主张"不是必需，实体不得增加"。但是当我们拒绝断定有类时，不要假定我们武断地断定没有类。我们只是对于它们无所知而已：像拉普拉斯（Laplace）一样，我们可以说"我没有要这假设的必要"（*je n'ai pas besoin de cette hypothèse*）。

一个符号如用作类，它所必需满足的条件是什么？让我们一一列举。作者认为以下的条件是必需而又充分的：

（1）每一个命题函项必决定一个类，这个类所包括的分子就是使函项为真的那些主目。给定任意一命题（不论真或假），譬如说是关于苏格拉底的，我们可以设想苏格拉底为柏拉图，或亚里士多德，或者一只大猩猩，或者月球上的人，或者世界上任何别的个体所替换。一般而论，有些替换给出一个真命题，有些替换给出一个假命题。所决定的类就是包括所有那些代入后能够给出真命题的东西。自然我们还得解决"所有那些……"的意义是什么。现在我

185 们所注意的是一个类为一个命题函项所决定,并且每个命题函项
决定一个适当的类。

(2)两个形式等价的命题函项必决定同一个类,两个不形式等
价的命题函项必决定不同的类。也就是,一个类由它的分子所决
定,并且没有两个不同的类有完全相同的分子。(如果一个类是由
一个函项 ϕx 决定的,如果 ϕa 为真,我们说 a 是这类的一个“分
子”。)

(3)我们必须找到某种方法不仅定义类,还定义类的类。在第
二章中我们已经知道基数被定义为类的类。初等数学中通常的说
法,“n 个东西中一次取出 m 个的组合”代表一个类的类,就是所
有由 m 项组成的类的类,而这 m 项是由给定的 n 项的类中取出
的。如果没有某种符号的方法处理类的类,数理逻辑便要失败。

(4)无论在什么情形下,假定一个类是它自己的一分子或者不
是它自己的一分子都是没有意义的(并非假)。这是从我们在第十
三章中所讨论的矛盾得来的。

(5)最后——这个条件最难满足——必须能够作出关于由个
体组成的一切类的命题,或者关于属于某一逻辑“类型”的对象所
组成的**一切**类的命题。如其不然,类的许多用法会走入歧途——
例如数学归纳法。在定义出一给定项的后代时,我们必须能够说
后代中的分子属于已给项所属的**一切**遗传类,而这要求以上所说
的那种总体的概念。这个条件所以困难的理由是我们能够证明:
不可能谈论有一给定类型的主目的**一切**命题函项。

我们且将这最后的条件以及由它引起的问题搁置一旁而开始
186 讨论。前两条件可以合并来讲,它们说的是:对于每一组形式等价

的命题函项恰有一个类,不多也不少;例如,人的类和无毛的两足动物,或者有理性的动物,或者具有不论什么别的可以取来定义人的特征的类是相同的。现在,我们说虽然两个命题函项形式等价,它们定义出相同的类,可是它们并不等同。证明以上所说为真我们可以指出:一个语句可能对于一个函项真,而对于另一个假;例如,"我相信所有的人是有死的"可能真,而"我相信所有的有理性的动物是有死的"可能假,因为我可能误以为长生鸟是一个不死的有理性的动物。这引导我们研究关于**函项的语句**,或者(更准确地说)**函项的函项**。

　　关于一个函项所说的有些可以看成是关于函项所定义的类的,有些却不能。"所有的人是有死的"这个语句包含两个函项"x 是人"和"x 是有死的";或者如果我们愿意也可以说,它包含了两个类:人和有死的。这个语句可以作两种解释,因为如果我们将任何形式等价的函项替换"x 是人"或者"x 是有死的",它的真假值不变。但是,如我们适才所见,"我相信所有的人是有死的"这个语句不能看成是关于这两函项之一所决定的类的语句,因为将一个形式等价的函项(这使类不变)代入,语句的真假值可能改变。包含一个函项 ϕx 的语句,如果它像"所有的人是有死的"一样,亦即,如果经过任何形式等价的函项代入后它的真假值不变,我们称它为函项 ϕx 的一个"外延"(extensional)函项。当一个函项的函项不是外延的,我们称它为"内涵的"(intensional)。因此"我相信所有的人是有死的"是"x 是人"或"x 是有死的"的一个内涵函项。因之为了实际的目的,一个函项 x 的**外延**函项可以看成是由 x 决定的类的函项,而**内涵**函项则不能如此看待。

注意在数理逻辑中我们所介绍的所有的**特殊**的函项的函项都是外延的。例如,两个基本的函项的函项:"ϕx 恒真"和"ϕx 有时真"。如果以任何形式等价的函项替换 ϕx,这二函项的真假值不变。用类的语言来说,假使 α 是 ϕx 所决定的类,"ϕx 恒真"等价于"每个东西都是 α 的一分子","ϕx 有时真"等价于"α 有分子",或者更好一点说:"α 至少有一个分子"。再以上一章讨论的"那个满足 ϕx 的项"存在的条件而论,条件是有一项 c,使得 ϕx 恒等价于"x 是 c"。这显然是外延的。它等价于后一个断定:由函项 ϕx 所决定的类是一个单一的类,即是,一个只有一个分子的类,换言之,是 1 的一分子的类。

给定一函项,这函项可能是,也可能不是外延的,又给定这函项的一个函项,我们总是可能从这函项的函项得出一个与之相关,并且确是原来函项的外延函项。方法如后:令原来的函项的函项为这样的一个函项:ϕx 有性质 f;然后考虑这一断定,"有一个函项有性质 f 并与 ϕx 形式等价"。这是 ϕx 的外延函项;当原来的语句真时,这函项也真,并且如果原来的 ϕx 的函项是外延的,这函项与原函项形式等价;但是当原函项是内涵的,这新函项较原有的更常为真。让我们回头再看"我相信所有的人都是有死的",将它作为"x 是人"的一个函项。导出的外延函项是:"有一个函项形式上等价于'x 是人',并且使得我相信所有满足这函项的东西都是有死的。"当我们以"x 是有理性的动物"替换"x 是人"时,这新函项仍然真,甚至在我误以为长生鸟是有理性的并且是不死的时候,函项仍真。

如上得出的函项,即,若原函项为"函项 ϕx 有性质 f",它便是:

"有一个函项有性质 f，且与 ϕx 形式等价"。这样的函项我们称为
"导出的外延函项"（derived extensional function）。

函项 ϕx 决定一个类，我们可以认为导出的外延函项就以这
类为它的主目，并且是断定这类有性质 f。这可以看作是关于一
个类的一个命题的定义，也就是，我们可以定义如下：

断定"由函项 ϕx 决定的类有性质 f"就是断定 ϕx 满足由 f 导
出的外延函项。

凡关于函项有意义的语句因为这个定义对于一个类也有了意
义；而且我们会发现在技术上它所产生的结果正合我们的需要，即
为了使理论在符号上很圆满的需要①。

以上所说关于类的定义充分满足我们的前四个条件。第三及
第四条件即类的类的可能性和一类是或不是它自己的一分子的不
可能性。以上定义所以能保证这两条件，其解释是颇专门的，载
《数学原理》中，在此我们只能姑且承认如此。若置第五条件于不
论，我们可以认为我们的工作已经完成。这第五条件——既非常
重要又非常困难——由于迄今为止我们还没有说的原因，没有满
足。其困难在涉及类型论，对于这一点我们须略加讨论②。

在第十三章中我们已经知道有一个逻辑类型的层次，并且如
将属于某一层次的一个对象替以属于另一层次的一个对象，这是
谬误。现在不难指明，能取一给定对象 a 作为主目的各种函项不 189
全属于一个类型。让我们把它们全称为 a 函项。我们可以先就

---

① 见 *PM*，vol. i. pp. 75—84 及 * 20。
② 读者欲知其详须参考《数学原理》，导言，chap. ii.，及 * 20。

不涉及任何函项集合的函项入手，称它们为"直谓的 a 函项"（predicative a - function）。假使我们现在进一步考虑一些函项，这些函项涉及直谓的 a 函项的全体，认为它们与直谓的 a 函项属于同一的类型，便会招致谬误。以日常的话："a 是一个典型的法国人"为例。我们将如何定义一个"典型的"法国人？我们可以定义他为"具有大多数法国人所具有的一切性质的人"。但是除非我们对"一切性质"加以限制，使不涉及性质的全体，我们将不得不说大多数的法国人不是以上意义上的典型的，因而定义表明，不是典型的倒是一个典型的法国人的本质。这不是一个逻辑矛盾，因为并没有理由为什么应该有典型的法国人；但是这说明了一个需要，要将涉及性质全体的函项和不涉及的分开。

　　欲使函项有意义，一个变元有时能取"所有"的值，有时只能取"某些"值。无论什么时候，从关于一变元能够取的值的语句我们常可以得到一个新的对象，这个新的对象必须不在前面所说的变元所能取的值中，如果它在其中，那么变元涉及的值的全体会只能由它自己来定义，于是我们陷入了一个恶性循环。例如，假若我们说"拿破仑具有成为大将的一切性质"，我们定义"性质"时必须不包括我们现在所说的，也就是，"有成为一个大将的一切性质"本身必须不是所假定的一个性质。这是相当明显的，并且是引导到类型论的一个原则，有了类型论，恶性循环的悖论可以避免。至于应用到 a 函项，我们可以假定"性质"的意义就是"直谓的函项"。于是，当我们说"拿破仑具有所有的性质如何如何"时，我们的意思就

是"拿破仑满足所有的直谓函项，等等"。这个语句将一个性质归之于拿破仑，但不是将一个直谓的性质归之于拿破仑；因之我们避

免了恶性循环。可是无论何时,只要出现"一切函项如何如何",要想避免恶性循环,原有的函项必须限于一个类型;并且像拿破仑和典型的法国人这两个例子所表明的,这个类型并不是由变元的类型决定的。要详细说明这一点,需要更仔细的讨论,但是以上所说足够表明,能取一给定的主目的函项属于一个无穷的类型序列。通过种种技巧,我们可以构造一个变元,使它历经前 n 个类型,此处 n 是有穷数;但是我们不能构造出一个变元,使它历经所有的类型,假若我们能够找到这样一个变元,立刻就会得到一个新型的函项,这函项有原有的主目,因此整个的程序又得重复。

我们称直谓的 a 函项为**第一级**类型的 a 函项;涉及全体第一级类型的 a 函项称为**第二级**类型的 a 函项;如是类推。没有一个 a 函项的变元能历经所有不同的类型:到某一个固定点,它必须突然停止。

这些讨论和导出的外延函项的定义有关。在定义中我们提及"一个和 ϕx 形式等价的函项"。必须决定我们的函项的类型。任何的规定都行,但必须有所规定,这是不能避免的。让我们令想象中的和 ϕx 形式等价的函项为 ψ。这样,ψ 作为一个变元出现,并且必定属于某个固定的类型。关于 ϕ 的类型我们必须知道的是,ϕ 的主目属于一给定类型——譬如说它是一个 a 函项。但是如我们适才所见,这并不决定 ϕ 的类型。假如我们要能够(如第五个条件要求的)处理其分子与 a 的类型相同的一切类,我们必须能够用属于某一类型的函项定义出**所有**这些类;这也就是说,必须要有 a 函项的类型,假定这类型是第 n 级,使得任何 a 函项与第 n 级类型的某个 a 函项都形式等价。如果情形如此,那么任何外延

191 的函项,若对于第 n 级类型的一切 a 函项成立,必对于任何 a 函项成立。类之所以有用主要地由于类可以作为一个技术上的手段使导致这个结果的一个假定具体化。这个假定称为"还原公理"(axiom of reducibility),现在将它叙述如下:

有一个 a 函项的类型(譬如说 τ),使得给定任何 a 函项,有属于所说类型的某个函项与它形式等价。

如果假定了这个公理,我们用属于这一类型的函项来定义相关的外延函项。因而关于一切 a 类(即一切由 a 函项所定义的类)的语句可以归约到关于 τ 类型的一切 a 函项的语句。只要仅仅涉及函项的外延函项,使用这个方法实际上可以得到许多结果,这些结果如用其他的方法去求必须用到"所有的 a 函项",而这个概念是不可能的。这个方法在一个特别的范围中非常重要,这个特别的范围就是数学归纳法。

还原公理包含了类的理论中所有真正本质的东西。所以现在我们值得问一句,假定它真是否有任何理由。

这个公理像乘法公理以及无穷公理一样,对于某些结论是必需的,但是仅就演绎推理的存在而论却无必要。如我们在第十四章中所解释的,演绎理论和包含"所有"及"有的"的命题的定律是数学推理的本来结构:没有它们,以及类似它们的东西,我们将不仅不能得到同样的结果,并且将根本得不到任何的结果。我们不能将它们用作假设,而推演出假言的结论,因为它们既是演绎法则也是前提。它们必须绝对真,否则我们根据它们所推演出来的东西甚至不能从前提得到。反之,还原公理像前面的两个数学公理一样,在任何用到它的时候很可以以它作为假设,而不假定它确实

是真的。我们可以由它推演出假言的结论，假定它假，我们也可以 192
推演出结论。因此它只是方便而非必需。就类型理论的复杂，以
及其中除了最普遍的原则外都没有定论这两点看，我们还不能说
有无方法完全废除还原公理。不过，假定以上概述的理论正确，关
于这公理的真假我们能说些什么？

　　我们可以看出，这个公理就是莱布尼茨的"不可辨别的同一"
(identity of indiscernibles)的普遍形式。莱布尼茨假定两个不同
的主词就谓词来说必不相同，以此作为一个逻辑的原则。他所谓
的谓词不过是我们所说的"直谓函项"的一部分。直谓函项除此以
外还包括给定项之间的关系，以及不算谓词的各种性质。因之莱
布尼茨的假定较之我们的公理严格和狭窄得多。（自然，这不是按
照他的逻辑来说的，按照**他的**逻辑，**所有**的命题都可以归约到主谓
词的形式。）但是就作者所见，相信他的形式并无适当的理由。我
们在狭义的意义上使用"谓词"这个词，在狭义的意义上也很可能
有两个东西具有完全相同的谓词，这是抽象逻辑中可能的事。当
我们超过狭义的谓词时我们的公理又如何呢？在实际的世界上似
乎没法怀疑特殊的东西的经验的真实性，因为它们所在的时空有
分别：没有两个特殊的东西对于所有其他的特殊东西有完全相同
的时空关系。然而这似乎是我们适巧生存的世界上的一个偶然事
实。用莱布尼茨的话说，纯粹逻辑和纯粹数学（二者是一回事）目
的在求真，在一切可能的世界里真，而不仅是在这个颠倒错乱，我
们偶然被禁闭于其中的世界里为真。逻辑学家应保持一种尊严，
他不可俯身屈就，只由它周围所见的东西推求论证。

　　从这个严格的逻辑观点看，作者看不出有任何理由使我们相 193

信还原公理在逻辑上是必需的。所谓在逻辑上是必需的就是在一切可能的世界里都真。因此即使公理在经验里真，而允许它进入一个逻辑系统中总是一个缺陷。因此之故，类的理论不能说是与摹状词的理论一样完善。为得到一个较为完善的类的理论，其中不需要这样一个可疑的公理，在类型论方面需要进一步的工作。但是如下的看法是合情合理的，即本章中描述如上的理论在主要的路线上是正确的，所谓的主要路线就是将名义上关于类的命题归约到关于类的定义函项的命题。用这种方法避免将类看作实体，从原则上说，似乎合理，不过其中细节还需整理。因为这点似乎无可怀疑，所以尽管我们想尽可能地排除不论什么看来启人疑窦的东西，结果仍然收入了类的理论。

以上对类的理论略加探讨，这个理论将它本身归约到一个公理和一个定义。为明确起见，这里我们再陈述一遍，这公理是：

有一个类型 τ，使得如果 ϕ 是一个能取一给定对象作为主目的函项，那么有一个函项 ψ，ψ 属于类型 τ，并且和 ϕ 形式等价。

这定义是：

如果 ϕ 是一个能取一给定对象作主目的函项，τ 是以上公理所说的一个类型，那么说由 ϕ 决定的类有性质 f，就是说，有一个函项，这函项属 τ 类型，和 ϕ 形式等价，并且有性质 f。

第十八章 数学与逻辑

在历史上数学和逻辑是两门完全不同的学科：数学与科学有关，逻辑与希腊文有关。但是二者在近代都有很大的发展：逻辑更数学化，数学更逻辑化，结果在二者之间完全不能划出一条界限；事实上二者也确是一门学科。它们的不同就像儿童与成人的不同：逻辑是数学的少年时代，数学是逻辑的成人时代。这种见解会触犯一些逻辑学家，这些人曾经消耗他们的时间于古典著作的研究，而不能从事一点点符号的推理；也会触犯一些数学家，他们已经学会了一种技术，但从不费心去研究它的意义和合理性。这两种人现在幸而都愈来愈少了。许多现代的数学研究显然是在逻辑的边缘上，许多现代的逻辑研究是符号的，形式的，以致对于每一个受过训练的研究者来说，逻辑和数学的非常密切的关系极其明显。二者等同的证明自然是一件很细致的工作：从普遍承认属于逻辑的前提出发，借助演绎达到显然也属于数学的结果，在这些结果中我们发现没有地方可以划一条明确的界线，使逻辑与数学分居左右两边。如果还有人不承认逻辑与数学等同，我们要向他们挑战，请他们在《数学原理》的一串定义和推演中指出哪一点他们认为是逻辑的终点，数学的起点。很显然，任何回答都将是随意的、毫无根据的。

在本书的前几章中从自然数开始，我们曾经首先定义出"基数",并且指明如何将数的概念推广,然后分析包含在定义中的概念直到我们发现我们所处理的乃是逻辑上基本的东西。在一个综合的,演绎的论述中首先是这些基本的东西,而自然数则是在一个长的过程之后才达到的。这种处理虽然在形式上较我们曾经采用的方式更正确,但是对于读者比较艰难,因为它从终极的逻辑概念和命题出发,而这些东西比自然数对于我们远为疏远和不习见。并且它们所代表的是现在知识的前沿,越过这前沿是仍然未知的领域,知识对于它们的统治权至今还不很牢固。

　　过去常有人说数学是"量"的科学。"量"是一个模糊的字眼,为了论证,我们可以用"数"这个字眼来代替。数学是数的科学,这句话在两个不同的方面都不对。一方面有些已知的数学分支与数毫不相干——所有不用坐标和度量的几何学,例如射影几何和画法几何在没有引入坐标以前与数无关,甚至和**大小**意义上的量也无关。另一方面,通过基数的定义,通过归纳理论和祖先关系,通过广义的序列理论以及通过算术运算的定义等,已经可能将向来证明只与数有关的许多东西加以推广。结果从前单一的算术学科现在分为许多独立的学科,其中没有一个特别与数有关。数的大部分性质与一对一的关系、类与类之间的相似关系有关。加法涉及互相排斥的类的结构,这些类各与一个类的集合相似,而对于这个类的集合我们并不知道它们是否互相排斥。乘法包括在选择理论中,选择是一种一对多的关系。"有穷"包括在祖先关系的一般研究中,这种研究产生了数学归纳法的整个理论。各种数序列的普通性质以及函数的连续性和极限理论的要点都可以推广不再和数有任何本质的关联。在所有的形式推理中,极力推广是一个原则,因为如此我们可以保证一个给定的演绎过程将有比较广的应用结果;所以我们这样推广算术的推理只是根据数学上普遍承认的一个规则。实际上在做这样的推广时,我们创造了一类新的演绎系统,传统算术在其中融化了,扩大了;但是这些新的演绎系统的任何一个——例如选择理论——被看成是属于逻辑还是算术,这完全是随意的,不能合理地决定。

于是我们面对一个问题:称为算术或者逻辑都无不可的这门学科究竟是什么? 有没有方法作出它的定义?

这门学科的某些特征是很明显的。在这门学科中我们不从处理特殊的东西或者特殊的性质入手:我们从形式上研究所谓任何的东西或者任何的性质。我们要说一加一等于二,而不说苏格拉底和柏拉图是两个人,因为作为逻辑学家和纯粹数学家我们从来不曾听到过苏格拉底和柏拉图,他们与我们无关。在没有这两人的世界里仍然是一加一等于二。作为纯粹数学家和逻辑学家我们没有提及特殊事物的余地,因为如果我们这样做,就是引入了不相干的,非形式的东西。以一个三段论式作例可以说明这点。传统逻辑说:"所有的人都是有死的,苏格拉底是人,所以苏格拉底是有死的。"这里我们所要断定的显然只是前提蕴涵结论而不是前提和结论都是实际上真;就是最陈旧的逻辑也指出前提事实上是否真与逻辑无关。是以在以上的传统三段论式中,首先要更改的是把它叙述成这样的形式:"如果所有的人都是有死的并且苏格拉底是一个人,那么苏格拉底是有死的。"现在我们可以注意我们所要表示的是:这个论证之正确是由于它的**形式**,而不是由于其中出现的特殊的项。假若我们从前提中去掉"苏格拉底是一个人",我们得到一个非形式的论证,这个推论只有在苏格拉底事实上是一个人时才能加以承认,在这样的情形下我们不能推广这个论证。但是如像上面所举的论证是**形式的**,就不需依赖于其中所出现的项,这样我们可以用 α 替换人,以 β 替换**有死的**,并且以 x 替换苏格拉底,只要此处 α 和 β 是任意的两个类,x 是任何一个个体。于是我们得到这样的语句:"不论 x,α 和 β 有什么可能的值,如果所有的 α 都是 β 并且 x 是一个 α,那么 x 是一个 β";换句话说,"如果所有的 α 都是 β 并且 x 是一个 α,那么 x 是一个 β'这个命题函项恒真"。至此我们有一个逻辑的命题——这个命题在传统的关于苏格拉底,人以及有死的这个语句中仅有**暗示**。

很明显,如果我们的目的在**形式**推理,最终我们常常会得到如上的语句,在这个语句中并不提及任何实在的东西或性质,只要我们不希望浪费时间去证明一个特例,这个特例又是能够一般地证明的,这个情形就会发生。若是关于苏格拉底作了一个很长的论证,然后关于柏拉图又作一个完全相同的论证,这是十分可笑的。假使我们的论证对所有的人成立,我们可以在"如果 x 是一个人"的假设下证明对于"x"成立。有了这个假设,即使 x 不是一个人,论证也保留它假言的正确性。如果我们不假设 x 是一个人,而是假设它是一个猴子,或者一只鹅,或者一位首相,我们会发现论证仍正确。因此我们将不浪费时间以"x 是一个人"作为我们的前提,而是以"x 是一个 α"作为前提,此处 α 为任意一个个体的类,或者以"ϕx"作为前提,此处 ϕ 是具有某种类型的任意一个命题函项。是以在逻辑中或纯粹数学中不提及任何特殊的东西或性质是这门纯形式的学科的一个必然结果。

　　至此我们遇到一个问题,这个问题容易陈述却不容易解决。问题是:"一个逻辑命题的成分是什么?"作者并不知道答案,但是打算解释问题如何发生。

　　以"苏格拉底先于亚里士多德"这命题而论,此处显然有一个两项之间的关系,并且命题(以及对应的事实)的成分就是两个项和一个关系,即,苏格拉底,亚里士多德和**先于**。(苏格拉底和亚里士多德都不是简单的东西,表面上是他们的名字的,实际上都是缩短的摹状词,这些事实我们都暂置不论,它们和现在的讨论也无关。)这样命题的一般形式我们可以用"xRy"来表示,"x R y"可以读为"x 对 y 有 R 关系"。这个普遍形式可以出现在逻辑命题中,但是它的任何特例却不能。我们是否可以从此推论普遍形式本身是这些逻辑命题的一个成分?

　　给定一个命题,像"苏格拉底先于亚里士多德",我们就有某些成分,也有某个形式。但是形式本身不是一个新的成分;如果它是新的成分,我们需要一个新的形式以包含它和其他的成分。事实上,我们能够将一个命题的**一切**成分改为变元,而形式不变。这就是当我们使用"xRy"这样一个模式时所做的。这个模式代表了某一类命题中的任意一个,所谓某一类命题就是断定两项间有一关系的那些命题。我们可以进而讨论一般的断定,像"x Ry 有时真"——也就是,有两项关系成立的场合。在我们正在使用的逻辑这词的意义上,这个断定属于逻辑(或者数学)。在这个断定中我们没有提到任何特殊的东西或者特殊的关系;没有任何特殊的东西或者关系能够出现在纯逻辑的一个命题中。只有纯**形式**是逻辑命题的唯一可能的成分。

　　作者不希望正面地断定纯形式——例如"x R y"这个形式——实际上出现在我们所讨论的那种命题中。这种命题的分析的问题是困难的,正反两面的讨论都有冲突的地方。现在我们不能详论这个问题,但是我们可以接受一个观点为第一个近似的观点,就是:**形式**是作为组成的成分进入逻辑命题中。我们可以解释(虽不是形式地定义)我们所谓的一个命题的"形式"如下:

　　一个命题的"形式"乃是当命题的每一个成分为其他的东西所替换后命题中仍然不变的东西。

　　因之"苏格拉底先于亚里士多德"与"拿破仑比惠灵顿伟大"有相同的形式,虽说这两命题的每个成分并不相同。

　　逻辑的或者数学的命题能够从一个不含变元的命题(也就是,没有如像**所有,有的,一个,那个**等字眼)得到,即是将其中每一个成分改为一个变元,并且断定所得的结果恒真或有时真,或者先断定其对于某些变元恒真,再断定以上结果对于其余变元有时真,或者作任何其他类似的断定,就可以得到一个逻辑的或数学的命题。这一点我们可以作为逻辑的或数学的一个命题的一个必要的(虽然不是充分的)特征。换句话说,就是逻辑(或者数学)只与**形式**有关,并且其与形式有关也只是说到它们恒真或者有时真——"常常"和"有时"可以有各种排列。

　　在每种语言中都有一些词,它们唯一的作用就是指明形式。泛泛地讲,这些词在语言中最少变化最普通。以"苏格拉底是人"来说,此处的"是"不是命题的一个成分,而只是指示出主谓词的形式。同样,在"苏格拉底是较早于亚里士多德"中的"是"和"较"也只是指示形式;这命题与"苏格拉底先于亚里士多德"同义,在后一命题中"是"和"较"不出现,它的形式以另一种方法来表示。一般地说,形式能够用特殊的词以外的其他方法表示:词的次序可以将所要表示的表示出一大半。但是这个原则不可固执,例如,很难看出如何能够不用一个词而很便利地表示出命题的分子式(也就是我们所谓的真值函项)。在第十四章中我们已经知道一个词或符号,即表达**不相容性**的词或符号足够达到这个目的。但是一个词都没有,我们就很难处理了。虽然如此,这点对于我们当前的目的并不重要。重要的是注意:即使在一个命题中没有一个词或符号指示出形式,形式仍可以是一个普遍命题所关切的事。假使我们希望关于形式本身有所说,我们必须有一个词表示它;但若像在数学中,我们希望对于有某种形式的一切命题有所说,通常看来表示形式的词并非是不可少的;或者在理论上,**绝不是**不可少的。

假定——作者认为我们可以如此假定——命题的形式**可**由另一些命题形式表示,在其中并没有用到任何特殊的指明形式的词,我们将得到一个语言,在这个语言中每一个形式的东西属于句法而不属于词汇。在这样的一个语言中即使我们一个词都不知道,我们还是能够表达出**所有的**数学命题。数理逻辑的语言,如果是完善的,就是这样一个语言。我们有作为变元的符号,如像"x"、"R"和"y",这些符号以各种方式排列,排列的方式就指示出所说的对于变元的一切值或者某些值为真。我们不需要知道任何的词,因为它们只有在规定变元的值时才需要,然而规定变元值是应用数学家的事情,不属于纯粹数学家或者逻辑学家分内的事。逻辑命题的特征之一是:设有一个适当的语言,一个人只知道这语言的句法,可是对于词汇中的一个词都不知道,他也能够在这语言中断定一个如是这般的命题。

但是，毕竟有一些词表示形式，如像"是"和"较"。到目前为止，每一个为数理逻辑所创立的符号体系中，有些符号它们具有经常不变的形式意义。我们可以拿表示不相容性的符号作为一例，不相容性是用以构造出真值函项的概念，这样的词或符号在逻辑中可以出现。问题是：我们将如何来定义它们？

这些词或符号表达所谓的"逻辑常项"（logical constants）。逻辑常项可以用我们定义形式的方式一样地定义；事实上，它们本质上是一回事。一个基本的逻辑常项就是许多命题所共同的东西，这些命题中的任一个都可以从其他的任一个将项加以替换得到。例如，"拿破仑比惠灵顿伟大"就可以从"苏格拉底比亚里士多德早"得到，只要将"拿破仑"替换成"苏格拉底"，"惠灵顿"替换成"亚里士多德"以及以"比……伟大"代替"比……早"。有些命题可以用这种方式从"苏格拉底比亚里士多德早"这个原型得到，有些却不能；那些能够得到的都有"xRy"这样的形式，即，表示两项关系。像"苏格拉底是人"或"雅典人给苏格拉底毒鸩"这些命题就不能从以上的原型经过以一项代一项的替换得封，因为第一个是主谓词的形式，第二个表示一个三项关系。假使在我们的纯逻辑语言中要有一些词，那么它们必须是表达"逻辑常项"的词，而"逻辑常项"总是一群命题所共有的东西，或者，是从一群命题所共有的东西引申得来的，这一群命题彼此可以用上面的方式经过以一项替一项的替换得到。这个共有的东西就是我们所说的"形式"。

在这个意义上，所有出现在纯粹数学中的"常项"都是逻辑常项。例如数1，就是从后面那种形式的命题导出的："有一项 c，使

得 ϕx 真，当且仅当 x 是 c"。这是 ϕ 的一个函项，给 ϕ 以不同的值，就得到各种不同的命题。我们可以（对于我们目前讨论不关重要的中间步骤稍加省略）假定以上 ϕ 的函项的意义就是"为 ϕ 所决定的类是一个单一的类"或者"为 ϕ 所决定的类是 1 的一分子"（1 是一个类的类）。这样，其中有 1 出现的命题获得了一个意义，这个意义是从某一个不变的逻辑形式引申出来的。所有的数学常项都是这样的情形：它们都是逻辑常项，或者是符号的缩写，这些缩写在一个适当的上下文中的全部用法是用逻辑常项定义出来的。

但是，虽然所有的逻辑的（或者数学的）命题能完全由逻辑常项以及变元表达出来，反之，能以这种方式表达出来的命题并不都是逻辑的。至此我们已经找到了数学命题的一个必要的但非充分的标准。我们已经充分地定义出初始**概念**的特征，用这些概念所有的数学概念都能够**定义出来**，但我们不曾充分地定义出初始**命题**，使一切数学命题都可以从这些命题加以**推演得到**。这是一件比较困难的事，关于它的详细答案还不曾知道。

有些命题虽然能用逻辑概念陈述出来，却不能由逻辑断定其真。我们可以取无穷公理作为这样命题的一个例子。所有的逻辑命题有一个特征。这个特征用过去常用的话来说是分析的，或者说，它们的矛盾命题是自相矛盾的。然而这种陈述的方式是不能令人满意的。矛盾律只是逻辑命题中的一个；它没有特别的优越地位；证明某个命题的矛盾命题是自相矛盾的，除了矛盾律以外很可能还需要其他的演绎原则。虽然如此，那些说逻辑命题的特征就在于它能从矛盾律演绎出来的人，他们感觉到了并且打算定义出我们所寻求的逻辑命题的特征。我们可以暂且称这种特征为"同语反复"(tautology)，世界上个体的总数是 n，不论 n 是什么数，在这个断定中显然没有以上所说的特征。若非类型有别，从逻辑上我们可能证明有 n 项的类，此处 n 是任意有穷整数；甚或有 $\aleph_0$ 项的类。但是如我们在十三章中已经知道的，由于类型，这种证明是谬误的。我们只有诉之于经验的观察以决定：是否世界上有 n 个那么多的个体。在莱布尼茨所说的许多"可能的"世界中可能有些世界有一，二，三……个个体。为什么世界上甚至有一个个体[①]，——为什么事实上有任何的世界，这些似乎都没有任何逻辑的必然性。上帝存在的本体论的证明如果是正确的，这证明建立了至少有一个个体的逻辑必然性。但是一般认为这证明不正确，事实上证明依赖于对于存在的一个谬见——这就是没有能认识到：只有被摹状的东西才能断定其存在，而不是任何有一个名字的东西都能断定其存在，因此从"那是一个某某"及"那个某某存在"论证"那个存在"是没有意义的。假使我们不承认本体论的论证，我们似乎被迫得到一个结论：世界存在是一件偶然的事——也就是，不是逻辑上必然的。若果真如此，除非在一个假设下，没有一个逻辑原则能够断定"存在"，亦即，没有一个逻辑原则能够是"某某命题函项有时真"这样的形式。这样形式的命题在逻辑中出现必是作为假设或者假设的结论而出现，而不是作为完全断定的命题而出现。逻辑中完全断定的命题都是肯定某个命题函项**恒**真这种形式。例如，"如 p 蕴涵 q 并且 q 蕴涵 r，则 p 蕴涵 r"恒真，或者，"如所有的 α 都是 β，并且

---

① 在《数学原理》中所有的初始命题都允许作这样的推论：至少存在一个个体。但是作者现在认为这在逻辑的纯粹性方面是一个缺点。

x 是一个 α ,则 x 是一个 β "恒真。这样的命题可以在逻辑中出现,它们之为真独立于宇宙的存在。我们可以说,即使没有宇宙,**所有的普遍命题仍真**;因为一个普遍命题的矛盾命题(如我们在第十五章中已经见到的)是一个断定存在的命题,因此若是没有宇宙存在,这个命题恒假。

逻辑命题是可以**先验地**(a priori)认识的,不需对于实际世界作一番研究。只有从经验事实的研究中,我们才知道苏格拉底是一个人,但是我们知道三段论式在它的抽象形式中(即当它用变元陈述出来时)的正确性,而无需诉之于经验。这个特征不属于逻辑命题本身,而是在于我们认识它们的方式。可是这个特征与逻辑命题的性质是什么这问题有关,因为有许多种命题很难说我们不借经验就能够认识它们。

很明显,要得到"逻辑"或者"数学"的定义必须先给"分析的"命题这个陈旧的概念求得一个新的意义。虽然逻辑命题就是从矛盾律推演出来的东西这个定义不再能使我们满意,但是我们能够承认,并且必须仍然承认,逻辑命题是和由经验得知的命题完全不同的一类命题。它们都有一个特征,这个特征就是适才我们所说的"同语反复"。这个特征以及逻辑命题能完全由变元和逻辑常项(即使一命题中**所有**的成分完全改变命题中仍然不变的东西就是逻辑常项)表达出来这个事实就可以给出逻辑或者纯粹数学的定义。目前作者还不知道如何定义"同语反复"①。提供出一个可能满足一

①　"同语反复"对于数学的定义的重要性是作者以前的学生维特根斯坦(Ludwig Wittgenstein)指点给作者的,其时他正研究这问题。作者不知他现在是否已经解决这问题,甚或他是否还活着。

时的定义或许不难；然而作者虽对于这尚未定义出来的特征完全熟悉，却还不知道一个能使作者满意的定义。因此在我们目前寻求数学的逻辑基础的探本求源的旅程中，在这一点上我们算是达到了知识的前沿。

　　我们颇为简略的数理哲学导论现在已经到达了终点。数理哲学中所涉及的概念不用逻辑符号是不可能充分地表达出来的。因为普通语言中没有词自然准确地表达出我们想要表达的，只要我们仍旧用普通的语言，必然把词牵强到非寻常的意义；而读者如果不是在最初就是经过一个时候以后，必定又失误地将通常的意义加到我们所用的词上，这样对于我们所要说的就产生了误解。此外，普通的文法和句法也非常容易引人入歧途。例如，关于数就是这样的情形，"十人"在文法上和"白人"的形式相同，因而人们可能认为 10 是修饰"人"的一个形容词。又，凡是涉及命题函项，特别是关于存在和摹状词的命题函项时，也容易引起误解。因为语言容易引人入歧途，因为它应用于逻辑时（语言绝不是为逻辑而有206 的）散漫不精确，所以逻辑的符号系统对于数理哲学精确的和彻底的讨论是绝对必需的。因此，对于想精通数学原理的读者，作者希望他不畏避掌握符号所需的劳力，这番劳力，事实上，比可能设想的要小得多。以上匆促概括的研究已经说明在数理哲学这个学科中有无数未解决的问题，许许多多的事情需要去做。如果任何人为这本小书所引导而对数理逻辑作深刻的研究，写这本书的主要目的就算达到了。

索　引